人人称赞

植物爱好者的庭院设计

日本朝日新闻出版　编著

王春梅　译

辽宁科学技术出版社

·沈阳·

目录 CONTENTS

第1章 与赤地先生一起搭建庭院
——— 耳目一新的设计创意

日文版工作人员

摄影：C.H.LEE（OWI Co., LTD）
设计：楯 masami
插图：Hayashi Yoko
执笔：冈田稔子
构成·编辑助理：东村直美（Yanaka事务所）冈田稔子
企划·编辑：森香织（朝日新闻出版 生活·文化编辑部）

第2章 享受与玫瑰共生的庭院
——— 与植物共生 亦与人共生

第3章 能发挥个性的庭院
——— 在庭院中尽显个性风格

第4章 空间广阔的庭院
——— 空间不会被浪费的技巧

第5章 被大自然包围的庭院
——— 与周围的绿色和谐共生

第1章

与赤地先生一起搭建庭院

耳目一新的设计创意

在赤地先生建造的庭院中，一个叫作“植被屋 赤地”的小世界独一无二地存在着。我真的很想知道，怎样才能把脑海中的画面、五种感官的感受，都巧妙地融入庭院设计中去。来让我们一边观赏赤地先生亲手设计的庭院，一边寻找蕴含其中的窍门吧。

植被屋 赤地
赤地 光太郎 先生

设计师，植被屋 赤地的店主。在位于镰仓山大樱花树下的商店里，摆放着从国内外收集来的各色品位优雅的植物和古董杂货。庭院风格充满感性，独特的植物打理方式吸引了一众植物爱好者。店主参加了大量的展览会和活动。商品租赁以及专门讲解打理方式的课程都有很高的人气。

1

与赤地先生一起搭建庭院

小树林风格的种植方法

我想生活在小树林里……如果您也是植物爱好者，想必一定有过这样的想法。受限于客观环境和空间条件，很多人不得已放弃这样的念头。但赤地的店主赤地光太郎先生，却利用自己的技巧和审美实现了自己的小确幸。让我们一起来看看，如何在受限空间里巧妙地陈列出一片小树林。

入口

如果没有足够宽阔的空间，至少可以让入口呈现出小树林的模样。请注意道路和植物的关系。

墙壁

让墙壁内侧的树木错落生长。如果有机会，可以在墙壁外侧开辟出种植植物的空间，这样可以无形中增加庭院的宽阔感。另外，也可以把这里当成藤蔓植物的乐园。

前庭

在原本没打算作庭院的空间里种了几棵小树，没想到意外地收获了另一个小院子。

再次确认入口的作用

入口是庭院的门面。同时，入口也是展现主人对植物态度的场所。另外，迎接什么样的人进门，也是一项重要的判断标准。设计一家的入口时，不仅需要考虑客人来访的目的，还要充分考虑客人来访的情绪、着装等细节。如果设计私人宅邸，则主要考虑从外面回家时第一眼的感受，以及从家里向外观望时的视线。

把入口当作庭院的一部分来思考

请把入口当作庭院的起始点来考虑。除了入口要与停车位和玄关顺畅连接以外，还要考虑与周围街道环境的协调性。

入口部分的面积

入口的小路蜿蜒前行，能给人一种静谧的感觉。但如果受到空间的局限，无法设计出蜿蜒的小路时，可以考虑利用植物来配置出曲折的感觉。

从入口处看到的建筑物形态

在入口处展示建筑物或刻意隐藏建筑物，是两种截然不同的设计方式。

近处浅绿明媚，远处深绿幽静。利用不同的绿色营造深邃的感觉。

小树林风格的种植方法

入口

La Peknikova

被一株又一株的植物吸引了眼球。

1 富士山熔岩上的多肉植物，仿佛不知从哪里偶然掉落在这里一样。 2 以木栅栏为背景，花朵和叶子都充满力量的羊栖菜。 3 在小树脚下，种植了特色鲜明的观叶绿植。

“气势”和“控制”的终极对决

稍微远离喧嚣之地，这里是只有熟客才能知晓的小酒馆——La Peknikova 的入口处。为了营造出充满大自然气息的空间，店主早在开业的一年前就开始着手种植绿植了。现在，虽然能感受到扑面而来的植物气势，但与此同时也能感受到空间的掌控感。在“气势”和“控制”的终极对决中，空间感被发挥到了极致。满眼的绿色一直延伸到玄关处，与沿途中的踏脚石保持着默契的平衡。踏脚石的布局错落有致，不动声色地勾勒出客人面向玄关时跃动的心情。站在入口处，不禁有种“即将面临食材与厨师的终极对决”的预感。

赤地先生的解说和建议

清晰地体现出每一株树的姿态

树不要过于密集，而应当体现出一株一株的样子。即使树下有一些小灌木和植被，也能清楚地看到树木，所以给人一种协调的空间环境感。常春藤等藤蔓植物向上攀爬，营造出立体效果。

■ 树木在自己的领土上葱郁茂盛，别具一格。■ 藤蔓植物从邻居家的墙壁上爬过来，再一次降落到地面上茁壮成长。 ■ 从室内也能欣赏到这些摇曳的绿色。 ■ 玉簪和牛蒡等色彩斑斓的叶子，让人眼前一亮。

小路也能体现出整体效果。

邻里之间，生活在遥相呼应的空间里

山下先生住在 La Peknikova 的隔壁。因为邻里之间关系亲近，于是委托赤地先生设计一种看起来浑然一体的种植风格。既要拥有远观时的浑然天成，又要具备近看时的各具特色。因为 La Peknikova 的入口气质沉静，所以这边的氛围相对轻快。用线条创造动态美感。由于背靠绿意盎然的 La Peknikova，因此这个空间也拥有了浓浓的绿意。同样，从 La Peknikova 那边看过来也是一样的。山下府邸的绿色让 La Peknikova 的玄关更加生动而丰富。密切连接的植物甚至成了当地的门面。

赤地先生的解说和建议

为实现 1+1 > 2 的效果，可以考虑把绿色连接在一起。

这是一个近邻配合，打造整体景观的优质案例。一家做不到的事情，两家携手就会做到。这种合作建立于友好睦邻的关系之上。如果已经具备了这种选择的基础，不妨一试。

小树林风格的种植方法

前庭

滨野府邸

明明种了这么多植物，但脚下的空间宽阔，道路也很敞亮。在入口处，知风草好像摇摇摆摆地招呼着“欢迎”，存在感不容小觑。

停车位
四照花
前庭
自家房屋
沙砾
私人庭院

墙内墙外，表情各异的庭院。

停车位中间留出了一个种植区。这里种了一棵四照花。这原本是一种生长在山上的树，树形优美，深受滨野先生的钟爱。这棵树已经成为这所房子的招牌树。

好像有了树，反而变得宽阔了

“起初，我觉得如果停车位有点绿色就好了。”滨野先生介绍说。为了便于停放两台车辆，在两个车位中间种了一棵四照花，然后在两侧种植灌木。这样正好可以跟自家房屋、道路和附近的绿地连成一片。施工过程中，滨野先生冒出了“把墙内侧和房子之间的空间营造成庭院”的想法。本来只有悬空搭建的木板，庭院面积只有很小的一点，但经过妙手改造，整个空间里洋溢的绿意远超滨野先生的想象。滨野先生很享受身处庭院的时间，他说：“好像有了树，这里反而变得宽阔了。”

赤地先生的解说和建议

树木长大以后，树下的空间都能空闲出来

选择树干高大、树叶向上越来越繁茂的种类，就能让出更多人活动的空间。在有限的空间内种植树木时，这是一种有效的方法。生长到一定程度以后，树木不需要进行太多的打理，也不需要过多的养分。

墙内侧的前庭

1从停车位到木板的上旋口之间，还有一个入口。 2 叶子是美丽渐变色的灌木群。弗吉尼亚甜叶菊正好迎来了盛开期。 3 在小木板上摆放着系列主题植物组合，连接着更深处的庭院。

院墙内侧的
私人庭院

1 2 继续往里走，是一个与身后的深绿色山谷融为一体的私人庭院。点缀了骨骼清凛的常绿白蜡和中国枫树以后，滨野先生又自己铺设了沙石。布置好这些心头好以后，静坐在木台阶上，独赏一方美景。

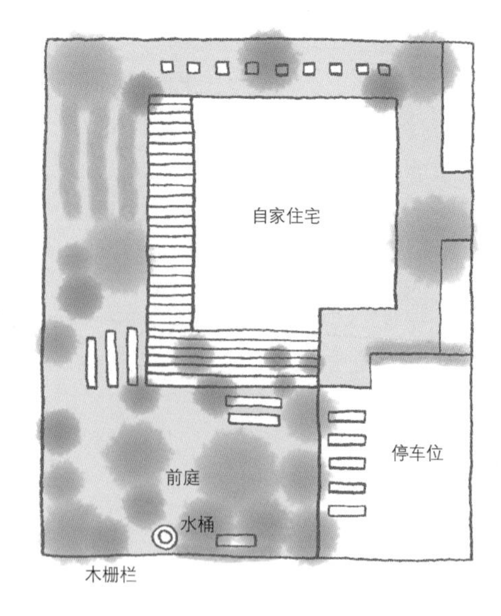

1 中央部位是木质颜色和树形都比较柔和的白桦。放在这个位置上不会带来任何压迫感。2 灌木丛和配草采用叶色明亮的品种，提亮脚下的明亮度。3 在道路一侧的木墙上爬满野玫瑰，充满野趣。4 放置了小盆和杂货的旧水桶格外抢眼。5 树上结满了红色的树莓果实，吸引远处的鸟儿。鸟叼落的果实会在下一个季节萌发新芽，这也是这个庭园妙趣横生之处。

我家坐落在像小森林一样树木葱茏的院子里。

虽然被小森林包围，但仍然宽敞明亮的空间

夫妇二人都非常喜欢树木，希望能时常感受穿越“小树林”，体验“身处林中”。通过赤地先生的设计，从外面看会看到一座被树木覆盖的庭院，建筑物几乎不可见。但正如夫妇所希望的那样，被树木环绕其中的庭院里充满了“林中”氛围，而且兼具明亮且宽阔的空间。树木枝繁叶茂。草坪一直生长到围墙脚下，只要踏出房门就宛如开启了一段林中漫步。真是一种不可思议的感受。

赤地先生的解说和建议

选对树木，就能实现有轻盈感的种植效果

绿林密布，却倍感轻盈。这是因为这片小树林里都是叶片小巧能随风摇曳的树种，拥有着柔顺的树干和枝条。虽然像森林一样，但生活空间依然舒适明亮，符合主人的要求。乍一看浓密和轻盈充满矛盾，但只要选对树木，就能实现有轻盈感的种植效果。

并非“屏风”那么简单，值得定睛品味的树木

这片种植区域本来是代替围墙而存在的，种植的个性植物与时尚的白墙相映生辉。考虑到冬季落叶，刻意选择了枝条数量多的品种，所以既能遮挡外界的视线，也能确保阳光充足。英国橡树给这个空间增添了些许华丽感。盛夏结束之前，叶子一直保持着美丽的黄绿色。秋季降临的时候，摇身一变成为靓丽的黄叶。

小树林风格的种植方法

墙壁

F府邸

赤地先生的解说和建议

如果叶片的颜色和形状足够有趣，从哪个方向都能尽情欣赏

这户人家的日常生活大多数集中在2楼，所以倾向于从高处也能欣赏的植物品种。选择叶子的颜色和形状独具特色的树木和植被，这样无论从上至下，还是由下至上，都能乐享庭院的风景。

从栅栏里探出头来的植物，就好像一幅造型独特的作品。

1 鹿角藻在墙上创造出独特的造型。

2 高大的四照花是招牌树。似乎从2楼的窗户伸出手就能碰到。

3 从正上方看，蓬松的植被非常独特。

4 俄罗斯橄榄的银叶与建筑物墙壁的颜色完美融合。

5 藤蔓型的紫荆，给当下的光景增添了几分野性。

6 庭院虽然被树木包围其中，但阳光仍然落落大方地照射进来。

2

与赤地先生一起搭建庭院

小空间的绿化

在栽种之前不禁怀疑“在这种地方栽种”？但就算是这样的地方，也会因为植物的到来而变得绿意盎然，让人根本无法想象原本的状态。充分利用空间高度，尝试创造出有立体感、有进深感的空间吧。

小空间的绿化

用地

赤地府邸

越是狭窄的空间，越要强调立体感和进深感。

避免单棵种植，考虑与周围的衔接性

在建了外墙之后，又垒起石头做了种植空间。因为深度很浅，所以这里无法种植树木。那么，关键就在于如何利用植被衍生出变化感。这个院子里几乎都是观叶植物。圆叶子、长叶子、斑点叶子、银色叶子、锯齿形大叶子，这些植物使眼前的景色马上生动起来。高处的花卉是点睛之笔。在围墙上摆放盆栽植物，让常春藤肆意攀爬，然后与下面的植物胜利会师。这样一来，墙内和墙外的植物就能合二为一了。

赤地先生的解说和建议

确认好种植空间的环境

在道路尽头或停车位等处拓建种植区域的时候，要提前确认好能向下挖掘多深。如果土地里预埋了管道，则需要充分注意。如果不能向下挖，就要确定上面可以堆起多高的土、采光条件、通风状况，然后根据自然环境选择植物种类。

小空间的绿化

用地
花费心思

即使面积狭小，也要做出有立体感的空间。

如果高度和进深足够，完全可以考虑种植树木（坂田府邸）

从地面测量，高度约为50cm，进深约有150cm，因此得以种植多棵树木。有白色叶片的乌拉圭四照花、铜色叶片的美国橡木，形成丰富的视觉效果。搭配舒展下垂的植被，这个空间里仿佛上演着一场随时欢迎行人观赏的情景剧。

利用高低错落的花盆创造变化（赤地府邸）

垒高石头，本想防止土块坍塌，一来二去种植了很多植被、圣诞玫瑰等宿根植物。为了更加生动，还放置了一些高低错落的花盆，让与地面上的植被有着不同风情的植物落户于此。适时更换盆中植物，也可以直接更换花盆。

道路与玄关之间的缓冲带（S府邸）

设置在道路通向玄关楼梯之间，是一块没有围挡、与道路高度相仿的开放空间。在白蜡的脚下生长着麻兰、丝叶美丽的情人菊、绿冰（迷你玫瑰）等，成为时尚的迷你庭院。

加些树木来遮挡视线（滨野府邸）

与邻家交接处的种植空间。虽然空间小，但不乏冬青、夏栌等树木。虽然原本是高大的品种，但是集中种在这里，恐怕长不了太大，姑且当作遮挡视线的绿化带吧。

小空间的绿化

停车位

滨野府邸

种植岛，是这户人家象征性的存在。

1 停车位里，白绿交相辉映。2 四照花的高度直逼2楼，新绿、鲜花、红叶……乐享季节变迁。3 红色的夏栌与脚下的黄绿色知风草相视而笑。

种植岛赋予了空间生动的表情

这里是停放两台车辆的空间。因为在中间部位设置了种植岛，让这个空间整洁清朗。一棵高大的四照花，赋予整个空间生动的表情。无论这里有没有车，都是一幅美如画的景象。因为种植岛中的树木高大，所以除此之外只在脚下保留了若干草花。以草坪为底色，点缀观花植物，现场采访的时候正好遇到蕾丝花盛开，楚楚动人的光景。两侧与栅栏旁边的绿植，与停车位中的绿植和谐共存，让人印象深刻。

赤地先生的解说和建议

不影响空间，自成一片风景的门面树

虽然长和宽只有90cm，但足以种植树木了。受限于狭小的土壤资源，根部很难继续茁壮成长，所以不会影响到停车位的空间。这个实例，应该很好地说明了门面树是如何自成风景的。

开放式停车场兼具前庭的功能

1 客用停车位很少有车会停进来，所以铺设草坪，增加了绿植面积。2 客用停车位和主体空间一样，周围利用堆起来的土地做了植物造型。3 丝兰本是少见的品种，但没想到生长得如此繁茂，果然拥有连赤地先生都感到震惊的生命力。

被误以为是观光景点的植物阵容

距离海边不远，感受得到迎面吹来的海洋空气。看起来，S府邸的建筑物也好，植被也好，都有种海外观光地的氛围。在这种氛围之中，更加让人印象深刻的，无异于赤地先生种植的各种植物——以丝兰为首，充满南国风情的植物阵容。在停车位周边堆砌起土壤，撒上火山石，让各种植物在间隙中自由生长。从停车位上，把人的视线自然而然地引导到建筑物那边。就好像是为了迎合这座府邸的氛围，丝兰每年都绽放火红的花朵，成为这条街上最亮丽的风景。

赤地先生的解说和建议

种植空间的斜坡可以增加立体感

停车位周围的土堆呈现出倾斜角度。这样做不仅比直角平台的面积更大，而且能让植物在立体结构中显得更有活力。如果客观环境难以调整，可以尝试一下这个办法。

3

与赤地先生一起搭建庭院

容器和花盆的灵活运用

各种容器和花盆，可不是只有院子里没地方的人才能用。即使拥有宽敞的院子，这些小物件也是搭建庭院的神器。同样，在缺少土壤的地方，也能用这些盆盆罐罐种植花草。让我们一边参考实例，一边看看灵活运用的要点吧。

容器和花盆，有各自的分工

踏入水越府邸的第一步，眼光就全被自由摆放的各色容器和花盆吸引了。一座硕大的木质容器，看起来承担着花床的使命，里面一片郁郁葱葱，高大的麦仙翁在微风中肆意舒展。每一个容器和花盆，都绽放着蓬勃的存在感，但仔细一看才发觉到，这种存在感其实来自地面植物和庭院里搭配的枕木的衬托。与环境融为一体的容器和点睛之笔的容器，都有各自存在的意义。

赤地先生的解说和建议

从容器和花盆开始追求所谓的“喜爱”

这就是植物爱好者的庭院。每一个容器和每一个花盆，都是精挑细选的，因此放在哪里都不容小觑。请带着自信，大胆放手去做吧。本来，搭建庭院就是按个人喜好设计的。如果现在还没有足够的自信，那就从小容器和小花盆开始练习吧。

从容器中溢出来的宿根草的魅力

就像个大吊篮一样，只有这种容器，才能产生“空间有效、生命力无限”的效果。让无法在地面上发挥优势的植物，到这里肆无忌惮地生长吧！

如果放置在室外，请选择高大的品种

这种容器原本是英国人用来喂马的。如果放在室外作花盆，可以用于高大的品种。

随心所欲的布局：容器型庭院的乐趣所在

被地面上的植物烘托起来

只有在室外，才能种植这么大棵的多肉植物。地面上的植物衬托着多肉的柔和。选择室外相对干燥的区域来培育多肉吧。

可能出现意料之外的组合

摆放在木板上的植物，因为空间足够大，就随意搭配了高大的草花和多肉。

有存在感的容器，会成为点睛之笔

左：复古的水龙头旁边摆放了一盆多肉。多肉的优势之一，就是能在立面上生长。中：造型别致的筒叶菊可以单盆摆放在庭院里，绝对吸引眼球。右：瓦片单独成盆，稳稳当当地摆放在同类材质的无釉壶上。

容器和花盆的灵活运用

装饰在屋顶上

宅间府邸

虽然全部都种在小容器里，但不缺营养，也不缺爱。

在这里见证了人与植物的信赖关系

宅间先生说，栽种植物的时候，直到遇见“一见钟情”的品种之前，他都会绝不妥协地耐心等待。而只有等到这种邂逅，才绝对不会疏忽日常的养护。主人日复一日付出劳动，植物朝朝夕夕在环境中学会耐受。就这样，本应存在的辛劳和焦灼，对于宅间先生和植物来说，都变得不值一提了。留下的，只有人与植物之间的彼此信任和依赖。

赤地先生的解说和建议

逐一克服严酷的条件

在阳台、露台、屋顶等处搭建庭院的时候，您会开始了解这个地方的每一个细节。苛刻的环境，会影响主人施展手脚。让我们动手弥补每一处不尽如人意的地方吧。

给花盆来点儿高低不同的变化

为了让庭院地面上的植物更生动，可以考虑让花台高低起伏。与此相同，使用高低错落的花架，调整植物顶端的高度。

不要直接摆放在水泥地面上

把花盆放在地面上，不仅会影响日照，还会导致通风不畅的问题，这些都可能引发病虫害。把花盆放在花架等高一点儿的地方。搭配花盆和花架，也是一种乐趣。

在大型花盆中种植树木

把树木种植在花盆里，可以在一定程度上限制其生长。如果浇水太多，有可能发生烂根现象，所以请待表面的土干了以后再浇透。根据不同品种，选择合理的施肥时期。

通过容器和花盆的配置，提升庭院的效果。

在这个小院子里，感受“与庭院共生”

如果眼前的景色里没有这把椅子，如果桌面上没有这个花盆……这样一想，不由觉得每一个物件都与环境浑然天成。无论何时来到赤地先生的小院子，都能见识到教科书级别的陈列。就在最近，这座浑然天成的小院子里，又增添了一件赤地先生的得意小物。小院子的模样发生了变化，但是可不止一个。只有这样的小院子，才能体现“与庭院共生”的真正含义。

赤地先生的解说和建议

试错本身，就是搭建庭院的真正奥义

曾经令人左右为难的光景，如今已经一个都不复存在了。植物在生长的过程中，悄无声息地弥补了所有缺憾。与大自然作搭档，想必少不了不尽如人意的事情。但行家也好，新手也罢，试错本身才是搭建庭院的真正奥义吧。

把大号花盆放在门边

空无一物显然大煞风景，那就摆两盆让人印象深刻的花盆吧。这里是迎来送往的地方，花盆里种上应季花卉，盛开的景色无与伦比。

生长在花盆里的蔬菜

常吃的蔬菜，竟意外地形叶兼具，真让人瞠目结舌。种在家里，一边小批量收获着，一边用眼睛观赏、用舌头品尝。剪叶之后，还有新芽萌发。

观赏形态

只要花盆形状够新颖，种上植物随手一摆，就能成为庭院中亮丽的风景。当然，种植物的时候和没有植物的时候，可以享受到不同的景色。

地面植物与盆中植物和谐相处

为了得到耳目一新的效果，把盆栽植物挂在高处的时候，切记不要显得过于突兀，要兼顾与周围环境的融合。

4

与赤地先生一起搭建庭院

设计庭院

接下来，我们要开始搭建庭院了。如果您不了解从哪里开始着手，或者不确定是否应该咨询园艺家的意见，那就先来看看这个章节的内容吧。小池先生与赤地先生一起施工，最终如愿以偿地完成了自家庭院。让我们一起来看看吧。

寻找到合适的搭档，也是搭建庭院的第一步。

把每一个想法都付诸实际

小池先生着手搭建庭院的半年以前，刚刚把每一个反复斟酌过的想法融入现实，落实到自家的房屋。接下来，就应该考虑如何搭建庭院了。虽然明确自己的偏好，但并不知道应该如何落实。这个时候，“碰巧邂逅了准备搭建完全符合自己心意的小院子的赤地先生”。小池先生一边帮赤地先生平地，一边商量着做出了“在这里修一条小路，让小院子婉约一点儿”的决定。回顾那段时间，小池先生说：“把每一个想法都付诸实际，过程相当快乐啊！”

赤地先生的解说和建议

在委托人和园艺师之间，有一条叫作感觉的纽带

经常听人提起，不知道应该如何选择园艺师。对于小池先生和我来说，应该就是“气场吻合”吧。双方确信跟对方的审美一致，才是一切美好的开始。或者说，这是我至今为止的经验之一吧。

设计庭院

庭院的全景

小池府邸

无论止步何处，都能享受到迥异的风景

一条小道，能通往院子的每一个角落。赤地先生和小池先生从一个又一个景点向前眺望着设计种植方案，才最终实现了这种“无论止步何处，都能享受到迥异风景”的布局。

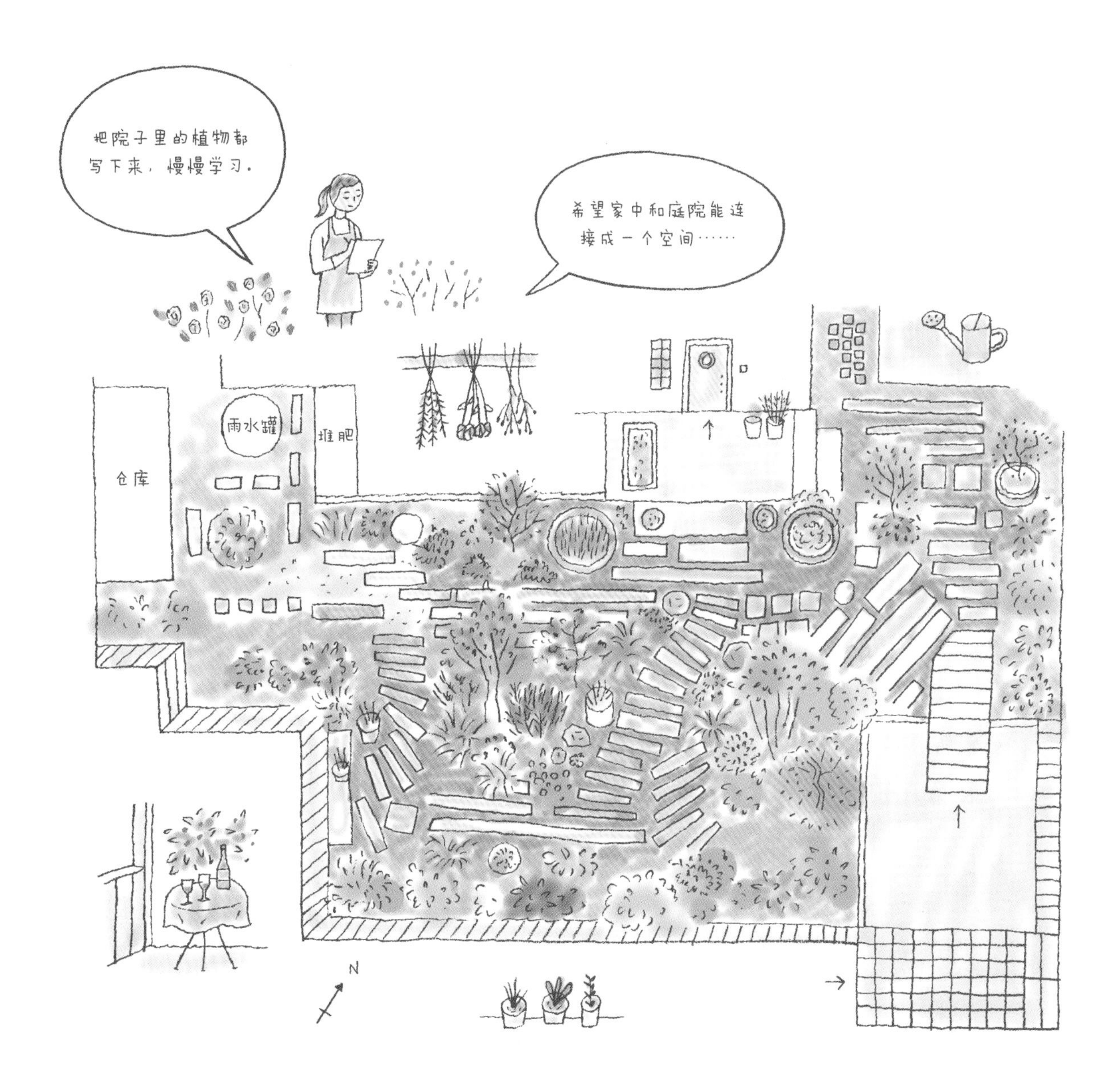

设计庭院

种植空间和移动路线

小池府邸

除了家正面的主要空间以外，家的右手边和左手边也都有相应的空间。一条小路温柔地连接着每一个角落。

表情丰富的小路，
温柔地把种植空间连接在一起。

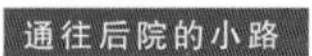

通往后院的小路

通往水池的小路

通往玄关的小路

设计庭院

考究的亮点

小池府邸

要点 1 名牌

定制了符合家庭整体氛围的复古风格。小植物取自院子里。

要点 2 从正门到庭院

地基比小路略高一些，就这样直接搭建了台阶。小池先生也喜欢从这里眺望自家小院子。

要点 3 仓库

养护庭院的所有工具都收纳在这里。过来的时候，好像在奔赴道路尽头的秘密基地。

庭院的各处，体现着高审美感的亮点。

要点 4 水池

接受赤地先生提议，水池区域的管道全部呈现在外面。齐腰的高度，正好适合直立作业。

要点 5 小物件

喜欢植物，也喜欢挑战各种各样的小物件。这精巧的小东西是调整庭院氛围的活跃因素。

要点 6 地台

把木头的断面组合在一起。每一个裂痕和形状都不一样，妙趣横生。

要点 7 小间隙

在基石中间的小小间隙里，种植了紫牡丹。这个是赤地先生的主意。

要点 8 栅栏

灰色的外墙，来自小池先生精挑细选的烟色油漆。这个颜色激发了赤地先生的灵感。

5

与赤地先生一起搭建庭院

推荐植物

由赤地先生搭建的庭院，常会使用富有个性的植物，这也是庭院独具魅力的理由之一。这些个性强烈的植物在其他地方并不常见，但放在这里却完全不显突兀，反而完全融入了庭院。当然，与自然庭院中常见的植物搭配在一起，也会呈现出令人印象深刻的格调。主人可以从中感受到来自植物的眷恋，然后更加珍爱每一株植物。如此一来，这片土地上的植物会更加茁壮地成长。

短叶羊茅

禾本科多年生草本植物，如果种植在日照充足、通风良好的地方，无须花费太多功夫就能茁壮成长。灰绿色的叶子充满魅力。可用于地面植被或盆景搭配。

白茅

生长在湿地里的禾本科园艺品种，叶片呈紫红色，多年生草本植物。入秋后红色加深。常见盆栽种植，但如果作为赏叶植物直接种在院子里，其自由伸展的姿态也生动可爱。

水果兰

叶片和根茎呈银色，是一种气质孤傲的常绿小灌木。原产于西班牙。4—7月开放，形状酷似海天使的淡紫色花朵。生命力旺盛，如果不作修剪，高度可以接近2m。对于修剪枝叶的耐受性极强，可以用来作树篱。

海桐

叶片边缘有白边的常绿小灌木。常被用来作鲜切花的配饰，是庭院绿植中的上品。冬季，叶片边缘的白边更加明显，在清冷的冬季庭院中格外耀眼。

英国薰衣草

在名目众多的薰衣草中，属于代表性的品种。与其他薰衣草相比，不耐热，需要避免夕照日。在梅雨季节前剪枝，则秋季能够开花。

北美瓶刷树

别名大银刷树。花朵蓬松，圆润洁白，叶片为圆形、呈淡蓝色。在远距离分开的叶片之间，可以看到黑色的枝干，气质独特。是刚开始流行的落叶小灌木。

针茅

禾本科常绿多年生草本植物，叶子在风中低吟浅唱的姿态格外优美。每年夏天，黄绿色的嫩芽会变成金黄色的花穗，憨态可掬。只要种下1株，就能长成郁郁葱葱的一片，照亮整个庭院。

沙枣

虽然并非橄榄科，但银色叶片就像橄榄一样细长，适合西式庭院。红色果实可以食用。即使在橄榄难以存活的寒冷地区也能生长。

大柄冬青

削掉枝干上的树皮以后，可以看到泛蓝的木干，由此而得名。树叶清凉、树形柔和，属于高人气树种。雌雄异株，雌株在9月结出红色的果实。秋季可以观赏黄叶。

野茉莉

常青茉莉。 比通常的茉莉要小，5月的时候枝头会开满白色的小花。色泽明亮的叶子和黑色枝干在庭院中熠熠生辉，树干笔直。可以种植在狭小的空间里。

日本槭

高大的落叶树，叶片上的切口宛如鸟羽做成的扇子，并由此而得名。发育期早，无须修剪也能自然发育出流畅而圆润的树冠。

迷南苏

原产于澳大利亚的常绿小灌木，花和叶都酷似玫瑰玛丽。没有香味。花期从春至秋白色小花里泛着淡淡蓝色，络绎不绝。看似柔和，但生命力顽强。不耐潮，适合生长在干燥的环境中。

赤地先生的解说和建议

先确定视角，再选择植物

选择植物之前，首先要考虑您今后想从哪个角度观赏它。选择什么品种，取决于你是想在庭院里散步时观赏、从二楼的房间里观赏，还是在道路的另一边眺望。决定好这一点以后，再开始寻找植物。经过这样的深思熟虑，想必一定可以挑选到称心如意的绿植。如果你真正喜爱这株植物，就一定会自然而然地了解如何照料它。

院子本身就是别致的人气咖啡馆

咖啡馆Minka

您可以在这家人气咖啡馆里，
悠闲地“放空”一阵子。
这个无忧庭院的秘诀是……

绿色幽深的空间里铜叶散发着光芒

这是一家坐落在古都镰仓的人气咖啡馆。单单对这间有历史的民宅进行改装，就花了好几年的时间。时至今日，这里还是像当年那样，任由时光缓缓流逝。庭院在赤地先生的手里获得了新生。虽然空间不大，但能赋予客人逍遥自在的时光。究其原因，无外乎是因为头顶上的枝繁叶茂给人留出了充分的活动空间。庭院中央有一棵美丽的铜叶紫荆树，美丽夺目，照亮了四周。这种视觉效果让周边的环境显得更加宽敞。

赤地先生的解说和建议

与杂草和谐相处，让植物生机勃勃

从开始搭建庭院至今，已经过了6个年头，小院子日益可亲。这个庭院侧重于亭亭而立的观叶草丛。草丛太过茂密或修剪过度，都不能成就这个完美的庭院。私家庭院也是如此，身处草丛之中就相当于跟植物共生。让我们一起来寻找“恰到好处”的共生模式。

唤醒沉睡记忆的庭院小径

生命 + 建筑

赤地先生说，这种似曾相识的怀旧风光里，
其实需要一些不起眼的小心思。这个庭院，也正是如此。
那么，这个庭院中究竟隐藏着怎样的巧思妙想呢？

把小小的心思叠加在一起，引出淡淡的回忆

小时候，是不是曾经穿越过这条小巷，在每个朋友的家门口嚷嚷着“一起去玩”……在赤地先生的这座小院子里，满满都是这种清晰如昨却又恍若隔世的气氛。伸展到玄关处的小道、杂草丛生的绿地、道路尽头的植株、半掩在泥土中的长椅……到处都是这种让人会心一笑的小场景。陶罐中自由生长的草丛，就像连接过去和现在的纽带一样闪闪发光。

赤地先生的解说和建议

少许的现代感，
撩拨人的心弦

有人怀旧，有人喜欢新鲜猎奇，要想同时引发这两个群体的共鸣，并不是一件简单的事情。一边复原过往的时光，一边利用现代感撩拨新鲜的灵魂。这里，长椅和盆栽植物起到了非常重要的作用。

第2章

享受与玫瑰共生的庭院

与植物共生　亦与人共生

说到搭建庭院，那一定少不了种植玫瑰。很多人想在现有的小院子里加几株玫瑰。说到底，玫瑰总能牢牢抓住人们的心灵。你看，这就是植物爱好者家的庭院。这里并非只有玫瑰，其他植物也一起和谐共生。很多人都说，开始种植玫瑰以后，跟周边的邻居和其他玫瑰爱好者之间的关系更加紧密了。让我们一起来看看，这些庭院主人是如何通过玫瑰加深了与其他植物、其他人的连接。

把从父母那里继承的庭院，慢慢改造成了玫瑰庭院

神奈川县横滨市　高桥府邸

把从父母那里继承下来的和风庭院，慢慢改造成了玫瑰庭院。克服宅邸周围通道的复杂环境，整体规划了亮丽的玫瑰庭院。在有限的空间里，各色玫瑰争奇斗艳。

① 轻柔摇曳的诱惑

主庭院里，一朵朵玫瑰花好像都在偷瞄着你，每一道眼光都仿佛来自头顶上的诱惑。朝上的玫瑰花点缀了枝头，朝下的玫瑰花惊艳了视线。

② 环绕在宅邸周围

把宅邸周围的小路也规划成庭院的一部分，搭配藤蔓玫瑰，让玫瑰花布满整个墙面。反复实践之后，选定对环境适应度较高的品种。

③ 与门板和栅栏的颜色协调一致

针对门板和栅栏等，选择放大视觉效果的亮色。通过玫瑰的花叶调和颜色，实现更具整体感的空间效果。

每逢玫瑰绽放的时节，几道拱门都会花团锦簇。开花的地方正好阳光明媚，美丽的花朵在阳光中肆意绽放。

视角

选择适应性
强的品种。

从外面看

面朝车流汹涌的道路，这道门的正上方遍布粉色的草莓山、深粉色的❶草莓山、和深粉色的❷游行，两侧搭配了白色的❸冰山和❹宝藏。

窗边装饰

使用两种颜色，强调华丽感。黄色的是❶黄金庆典，粉色的是❷艾拉绒球。

向上仰望

选择花朵朝下绽放、可以在开花之前调整枝条的品种。❶巴尔的摩美女、❷草莓山、❸薰衣草少女、❹荷包牡丹。

小物装饰

通过用框架和铁艺来进一步体现装饰效果。从左开始：❶保罗布兰森、❷玫瑰乐园、❸亚斯米娜、❹铁线莲、❺野蔷薇七姐妹。

不要让小庭院变得拥挤

漫步在玫瑰花下，浑然不觉这里曾经是日式庭院。在这里长大的高桥先生，心里一直怀揣“我想要一个这样的院子”的念头。从父亲那里接过搭建庭院的接力棒，把纯日式的树木更换成其他树种，然后再陆续引入自己喜爱的植物。但是，偶然一天，高桥先生忽然意识到植物实在太多了，让庭院显得有点儿拥挤。后来，高桥先生才悟出“还是让地面露出来好，所以让高大的植物成为主角，花开的时候只要花朵面向自己就好了”的道理。藤蔓玫瑰，就是在这样的理念之下被选进来的。尽量种植在高的地方，让花朵向下开放。如果高处的植物过于茂密，会影响院子里的光线，所以推荐枝条纤细、花朵可以在风里摇曳生姿的品种。高一点的地方，是满目的玫瑰；地面附近，仍然有宽阔轻盈的空间。这就是高桥家院子的秘密。

明亮耀眼的地方

使用白色栅栏，让这里的空间明亮而耀眼。摆放几个装饰用的花盆，再来一把休息用的椅子。

假门让空间看起来更宽敞

道路也是小院子的一部分。空间有限，所以蜿蜒的小路旁边装配了一道假门，仿佛门口随时会露出迎客的笑脸。虽然没有拱门，但玫瑰拱门浑然天成。

选择耐阴的玫瑰

这里本来就是光线难以抵达的地方。即使种植玫瑰，也只能种植少量的耐阴玫瑰。小道旁边的石子和景观草要保持整洁。

大朵玫瑰

头顶上覆盖着艳丽的大朵玫瑰。装饰窗带亮了周围的环境，增添了几许俏皮。

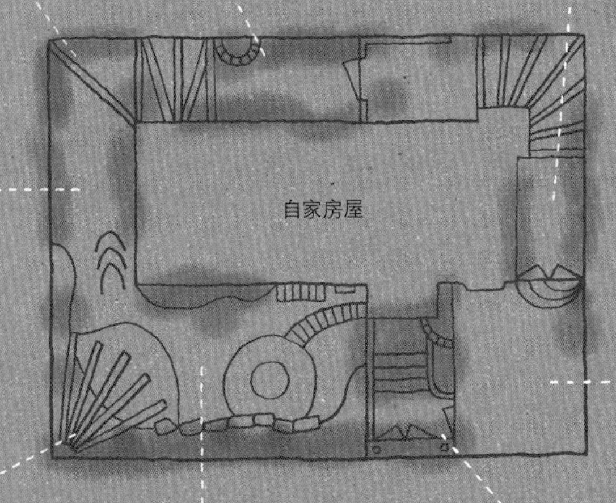

停车位

充分利用进深空间

在院子入口设置小门，把玫瑰引导成拱门的形状。砖墙前面搭一个白色的架子，体现明快的整体效果。

趣味各异的两个空间

玫瑰下面心旷神怡的空间。在开放空间里，设计了两个各有特色但同样趣味横生的空间。左侧还保留着日式庭院时代留存下来的石头庭院，高低起伏，能从高一点儿的地方俯瞰庭院。

演绎深奥的空间感

前面是深色的花朵，后面搭配浅色的花朵，营造深奥的空间感。吊架烘托了玫瑰花的美好姿态。

被粉色的藤蔓月季夏雪包围的凉亭。视线尽头的穹顶，宛如一位娇羞的少女，让人无法挪开目光。

倾尽玫瑰魅力的盛情款待。用日复一日的认真养护，支撑起华丽的舞台

东京都武藏野市　木村府邸

每年5月，都要在玫瑰盛开的庭院里召开庭院派对。善于用玫瑰的魅力来款待宾朋的主人，向我们讲解了玫瑰庭院的搭配艺术。“正因为享受过这个时节，才有动力在其他平凡无奇的季节乐此不疲地认真养护庭院。”

木村女士的坚持

建议大家尽情享受玫瑰盛开的生活

① 在庭院派对里，向客人提供最高级别的招待

作为惯例，庭院派对一定要在盛开的玫瑰花下举办，然后用添加了玫瑰花食材的料理和甜品招待客人。与喜爱玫瑰花的朋友们一起，享受玫瑰花盛开的色香味。

② 用院子里的玫瑰花制作甜点，甜品架充满英伦风情

用来招待客人的甜品里，使用了从院子里摘回来的玫瑰花。因为花朵要用来制作甜品和料理，所以种植过程完全不使用农药。相反，无农药意味着要花费更多的精力去打理。

③ 用楚楚动人的草花来烘托华丽的玫瑰

在玫瑰盛开的季节，可以种植铁线莲这种草花来烘托氛围。在没有玫瑰花的时候，则可以换成更鲜艳的草花来吸引视线。到了秋冬时节，可以种一些越冬植物或彩色的观叶植物。

视角

举手之劳，开拓一片玫瑰大展身手的舞台

身处玫瑰当中

在露台上设置凉棚。除了粉色的夏雪以外，粉色达·芬奇也让周围变得鲜艳起来。

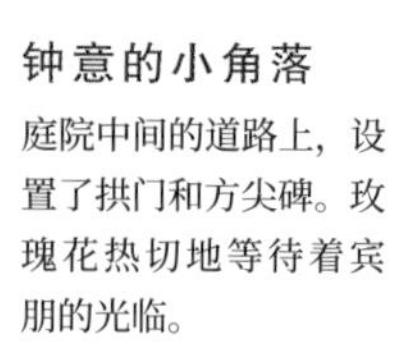

钟意的小角落

庭院中间的道路上，设置了拱门和方尖碑。玫瑰花热切地等待着宾朋的光临。

伸展到外墙上……

盛开的鲜花势不可挡，一直伸展到外墙上。外墙也成了梦里的美景，点缀了无数个瑰丽的夜晚。

美少女的穹顶

这是一座无上荣光的梦之舞台。在举办庭院派对的时候，人气坐席都集中在这里。身心融入玫瑰花里，俨然变身成了公主。

冬季修剪的时期，断断续续都是无法想象的作业

作为家庭设计总监的木村女士，早在25年前就开始缔造自家庭院了。自家嫂嫂也是玫瑰达人，在她的影响之下，木村女士下定决心打造一座属于自己的玫瑰殿堂。于是自己铺设垫脚石，从砖头小路开始了漫长的工程。

这座小院子，气质华丽，就像一位即将绽放的豆蔻少女。一株玫瑰竟然可以延展到这个程度，盛开如此繁茂的花朵，不由让人叹为观止。

木村女士当年对这株可爱的花一见钟情，种植之后才发现它还具有如此惊人的生命力。据说这种穹顶型的结构，是来自已故玫瑰庭院设计师村田晴夫先生的建议。

到了冬季修剪的时候，需要把一根一根的枝条全部打开，逐一修剪之后再编织成穹顶的形状。这是无法想象的大型作业，木村女士只能鼓励自己说:“为了明年看到满树繁花，就必须要这么努力呀！”因为无农药栽培，一年四季都要跟虫子和杂草作斗争。

穹顶

玫瑰覆盖的梦幻空间

如少女般娇羞的穹顶，今年也迎来了盛开的时节。下面摆放一张同样粉色系的圆桌，让宾客感受到公主的氛围。

小道

让茂密的植物隐匿道路的尽头

小道两边种植蓬松欢快的植物，让人不禁期待道路尽头会有什么惊喜出现。左边是藤本月季多萝西·帕金斯，右侧是橡树叶绣球。

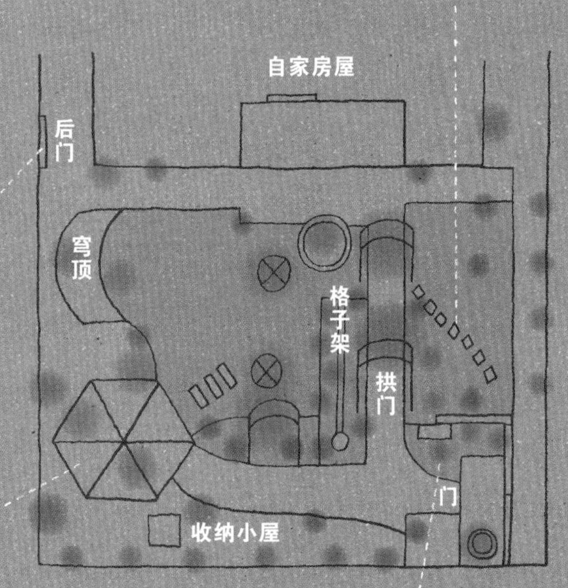

通往后门的小道

彩色玻璃饰品也是玫瑰的造型

后门上装饰着一朵精致的玻璃玫瑰花。来自一位在木村女士教室上课的玻璃饰品艺术家的手笔。

凉棚

又是一处风景

穹顶之下，是另一处赏花的好地方——凉棚。这里可以看到藤蔓玫瑰夏雪。美少女们在这座穹顶上争芳吐艳。

庭院入口

迎客玄关

玄关一角。开着花的多肉植物和叶色清凉的伏牛花。

格子架前

格子架前后迥异的风景

在庭院中央配置格子架，前后设计出风格迥异的风景。左右的方尖碑上爬满了玫瑰。

景观物

小屋和拱门是亮点

通往玄关的小路上，设置了引人入胜的收纳小屋和拱门。小屋也是木村女士一眼相中的收纳神器。为了配合院子的大小，特意进行了定制。

木村流
开放庭院一日游

历经一年，木村女士辛勤培育的玫瑰花终于在5月做出了最完美的回报。眼睛游离在花朵中应接不暇，嘴巴尽情品尝玫瑰味的料理、甜品和花茶。真是一场酣畅淋漓的派对呀。

派对空间被包裹在美好的玫瑰花当中，帘顶之下的玫瑰花娇羞低垂，衬得周围的绿叶熠熠生辉。

这一天，玫瑰花是主角。请不要吝惜对玫瑰的赞美

为了让日常的生活更加便捷、更加舒适，木村女士提议从桌面布置、房屋维护、料理、室内装饰等方面进行综合设计。对于师从木村女士的学员们来说，被用玫瑰花来款待，就是切身体验日常所学的最好实践。

喜欢玫瑰、喜欢园艺，对于大多数的客人来讲，经历这种别致的体验之后，更加能够下定决心努力修剪自家的庭院。主人也好，客人也罢，都能在玫瑰庭院里被深深感动。一边感受着日复一日的努力，一边向这一天的主人公——玫瑰花献上赞歌。

花瓶里的花是从院子摘下的强盗骑士和多萝西·帕金斯。这个院子里的每一株植物，都在友好地向来宾致意。

今日菜单

碳酸玫瑰汁

古吉耶尔的冷盘双拼

自制鸡肉火腿沙拉

玫瑰司康饼

玫瑰蛋糕

玫瑰果冻酸奶慕斯

玫瑰马卡龙

玫瑰茶

每一款都是用玫瑰花精心制作的甜品

充分发挥了玫瑰特色的甜品，让开胃小菜色彩纷呈。全部都是手工制作。

使用无农药庭院玫瑰制作的点心

这几款点心里使用的玫瑰，都是从庭院里摘来的无农药玫瑰。木村女士的沙龙里，制作玫瑰点心的讲座总是人气爆满。

华丽的菜品

身处玫瑰花香当中，把美食分餐到每一个托盘里的过程让人心情雀跃。在日思夜想的席间一边品味，一边聊聊玫瑰的趣事和园艺的妙处，不知不觉间欢声四起。桌布上有刺绣的玫瑰图案。

杯中也是粉色的玫瑰色，如梦如幻的玫瑰汁

迎宾酒是粉色的玫瑰汁，杯子旁边点缀玫瑰花朵。氛围逐渐上昂。

借用玫瑰庭院的舞台，营造地区绿色活动的场地

东京都三鹰市　水谷府邸

这片土地上，有灌木丛、原野、田地和小溪，水谷女士就生活在这片土地上。日常，水谷女士致力于保存这片珍贵的绿色的推广活动。在自己家里，种植喜爱的植物。

藤蔓玫瑰的奥斯汀、野蔷薇、吉普赛男孩（半藤本）、黄木香、铁线莲的大花威灵仙，何其浪漫。

① 愉悦行人的目光

玫瑰和铁线莲给拱门带来了缤纷色彩。除此之外，在面对道路的种植区里，每一株旖旎的植物都愉悦着行人的目光。

水谷女士的坚持

以玫瑰和草花为核心的交流

② 连接人与植物

久居的故人，新来的面孔，相会在水古女士的庭院中。通过植物，人与人连接得更加紧密。这也成为增强地域关系的纽带。

③ 玫瑰和草花的交流，在全世界都是共通的

水谷女士与日本范围内的园艺师保持着日常交流，时常交换一些关于绿色、关于植物的信息。另外，水谷女士曾经在尼泊尔进行过徒步旅行。发生地震后，特意联系到在当地做志愿者的朋友，进行了力所能及的支援。

通过交流，搭建绿色之环

水谷女士曾师从景观设计师小出兼久老师，对于“庭院是在外面的房间”这一概念印象颇深。20多年前，以一己之力设计了自家房屋和庭院，并与老公的建筑师朋友一起完成了施工。之后，又师从玫瑰庭院设计师、已故的村田晴夫。此后，不仅致力于自家庭院设计，更给朋友的玫瑰庭院提出建设性意见。

随着庭院建设的范围扩大，“守护这片被命名为武藏野的地方，守护这里的绿色，把它们完好地留给子孙后代”的想法愈加强烈。但这个想法，无法独立实现，只有联合当地众人的力量才行。从此以后，水谷女士一边开展NPO团体活动，一边在春季和秋季对外开放自家的庭院。“附近住的居民都非常热爱充满绿色的地方，所以才选择定居于此。如果能珍爱自家的庭院，守护自己身边的绿色，那就必然能爱屋及乌地关爱这一方水土上的每一块绿色。站在街角寒暄一下自家的庭园和植物时，总能听见花开的声音。”

这条小路，成了早出晚归的学童们的大爱之地，甚至被指定成“儿童避难所”。被植物串联起来的土地，守护着生活在这片土地上的人。

白里透红的拱门

颜色搭配巧夺天工。中间一扇小巧的木门，好像通往童话世界的入口。

被绿色包围的小屋

幽静地伫立，应该存在于古老的童话里。看到这里不禁心生童趣，想来一场躲猫猫游戏。

还有在教室里学过的多肉植物

在园艺设计师朋友金泽启子女士的教室中学到的多肉植物，俨然成为水谷女士庭院中不可缺少的一分子。

水谷家的植物

水谷女士的庭院里，绽放着各种色彩缤纷的花朵。

风露草

三色堇

芭蕾舞女

宿根亚麻

亚麻

三色堇

何首乌

长萼瞿麦

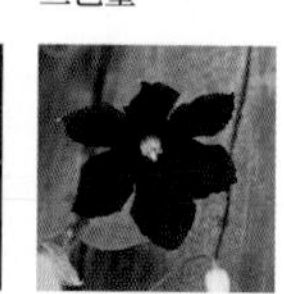

铁线莲

绿松石鸢尾

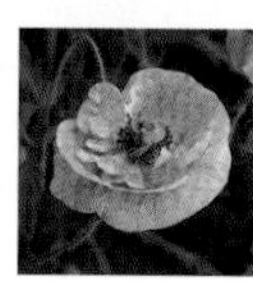

虞美人

雪鹅

以玫瑰为媒，结交近邻花友

东京都中野区　饭田府邸

玫瑰花园

植物爱好者都因绚丽的玫瑰而来

对于植物爱好者来说，玫瑰拥有无法抗拒的吸引力。近来，饭田夫妇对这一点的认识尤为深刻。

喜欢野花、让一年生草本植物和宿根草成为庭院主角的饭田夫妇，10多年前“想让院子在春天的时候更灿烂一点儿”，在入口处搭建了花架兼小凉棚。随后，主人购入了玫瑰植株。现在，近处是大朵的皮埃尔·德·龙萨，远处是中等大小的安吉拉，满园繁花争奇斗艳。由此，饭田夫妇开始与近邻交流，成为众多花友之一。

当地人都在静待花开的玫瑰园

东京都练马区　濑尾府邸

运用边缘地带，濑尾先生的院子里从主院到墙角，处处都渲染着玫瑰的色彩。当地的居民每年都会欣然地盼望着：“开花了吗？开花了吗？”濑尾先生追求玫瑰花自然生长的风景，所以日常修剪之前，都会从稍远的地方凝望自家庭院，然后决定如何入手。

花开堪折直须折

濑尾先生的玫瑰庭院里，是一望无尽的娇羞花朵。在花朵凋零之前修剪，保持永远完美的景象。

在这里感受春季的如期而至

长野县富士见町　T府邸

从横滨移居至此，T先生方知期待春季到来的时光漫长。庭院的入口处，有一小片被玫瑰花包围的空间。这里其实是停车位，但烂漫的花朵无一不在证明春季已经如期而至。对于T先生来说，妙曼的花朵要比树木的草叶更具有吸引力，所以这个空间备受T先生喜爱。

借助树木的长势

所谓"藤蔓玫瑰中的王者"，保罗的喜马拉雅麝是一款神话般的玫瑰品种，在T先生的院子里肆意盛开，最终成为停车位的天棚。

玫瑰花园

攀附着墙壁的玫瑰，蔓延出意料之外的造型

埼玉县埼玉市　箱崎府邸

箱崎先生的家建筑在高台之上，与邻居家之间有一面巨大的墙壁。在这里，白色的巴比埃和粉色的弗朗索瓦交织成一片如梦如幻的景象。枝条甚至攀过了栅栏，越过墙面的玫瑰花几乎垂到地面，却仿佛忽然之间惊醒一般重新向上攀爬。大自然这令人惊叹的鬼斧神工啊！

通过日常管理预防过度蔓延

巴比埃是一种非常易于种植的品种，这几年长势惊人，所以要通过日常修剪和引导，控制在自己可以管理的规模内。

图片集

达人们精心培育的植物

玫瑰

山野草

树木

在走访热爱植物的园艺家的过程中，发现了很多可爱的植物，本章集中介绍这些被植物达人们精心培育的植物。其中有我们身边常见的品种，也有让人耳目一新的品种，仅供参考。

玫瑰

ROSE

选择了老玫瑰（一般在 1867 年宣布的现代玫瑰“La France”之前栽培的品种）、现代玫瑰（“La France”之后栽培的品种）、藤蔓玫瑰、立木玫瑰（直立品种）等品种。在选择时，可参考庭院的环境和具体用途来选择。

莫蒂默赛克勒

Mortimer Sackler

现代玫瑰，四季开花，半藤本，中大花，香气浓郁，树高 1.5m。花朵呈淡粉色，有温柔的气息。一种生长态势良好且几乎没有刺的物种，并且很容易引导生长方向。从低处开始开花。（照片 / 雨宫府邸）

法国礼服

Robe a la Francaise

现代玫瑰，四季开花，半藤本，中花，气味微弱，树高 1.5~2.5m。开花后花瓣上有褐色条纹。花期长，藤蔓的伸展性良好，因此可用于围栏。抗病性强。（照片 / 雨宫府邸）

香堡伯爵

Comte de Chambord

老玫瑰，四季盛开，半藤本，中花，香气浓郁，树高 2m。柔软的枝条易于打理，但容易倒下，建议把它们引导到格子墙或篱笆上。花朵可以开放至秋季，香气遍布整个庭院。（照片 / 雨宫府邸）

梦香

Yumeka

老玫瑰，四季盛开，立木性，中花，香气浓郁，树高 1.2m。散发水果香气的玫瑰。花色由外至内逐渐变浓，层次感分明。花束密集，适合种植在花盆中或花坛里。（照片 / 雨宫府邸）

粉红努塞特
Blush Noisette

老玫瑰，一年多次开花，半藤本，小花，中香，树高1.2m。20~30朵小花汇聚成大把花束。由于早期生长缓慢，建议在夏季后避免开花，优先植株的发育。（照片/雨宫府邸）

塞斯亚纳
Celsiana

老月季，单季开花，立木性，中花，香气浓郁，树高1.8m。花蕾为红色，花开将谢时可见金色花心。具有优良的抗阴性、抗寒性、抗病性。（照片/雨宫府邸）

赫比杯
Coupe d'Hébéé

老月季，单季开花，半藤本，大花，香气浓郁，树高2.5m。一根枝条上可同时盛开几朵半球形的花，沉甸甸的花朵把枝条压得摇摇晃晃，样子憨态可掬。秋天也能开出大朵玫瑰。即使土壤贫瘠，它也能保持良好的长势。（照片/雨宫府邸）

韦奇伍德玫瑰
The Wedgwood Rose

现代月季，一年多次开花，半藤本，大花，香气浓郁，树高3m。大大的花朵让人情不自禁地联想到茶杯。树枝很柔软，可以将它们引导至可以从下仰望花朵的位置。（照片/雨宫府邸）

昂古莱姆公爵夫人
Duchesse D'angouleme

老玫瑰，单季开花，立木性，中花，香气浓郁，树高2.5m。以玛丽·安托瓦内特的女儿命名。姿态略显脆弱，但长势很好，刺少，容易照料。（照片/雨宫府邸）

杂交茶香
Mrs. Herbert Stevens

现代月季，一年多次开花，立木性，大花，中香，树高1.5m。花瓣边缘微微卷曲，挺拔的姿态格外优雅。可以承受恶劣的条件，但性情细腻，适合有经验的人。（照片/雨宫府邸）

芭芭拉奥斯汀
Barbara Austin

现代玫瑰，一年多次开花，半藤本，中花，中香，树高0.8m。由英国玫瑰的创造者D. Austin栽培而生。保留着老玫瑰的特性，洋溢着经典的玫瑰色泽和香味，很受欢迎。（照片/雨宫府邸）

玛丽玫瑰
Mary Rose

现代玫瑰，四季开花，半藤本，大花，中香，树高1m。散花簇生。树枝纤细而柔软，易于打理，因此很容易引导到拱门、栅栏和墙壁上。（照片/雨宫府邸）

弗里茨·诺比斯
Fritz Nobis

现代玫瑰，单季开花，半藤本，中花，清香，树高3m。虽然单季开花，但开花时枝头挂满淡粉色的八重花瓣玫瑰。秋季能够收获果实。无须过多养护也能茁壮成长。（照片/雨宫府邸）

香水玫瑰
Rosa Odorata

老玫瑰，四季开花，藤本，大花，中香，树高1.5m。被称为现代玫瑰的近亲。长期以来，一直被全球各地的人们所喜爱，树木长势茂盛，生机勃勃。（照片/雨宫府邸）

蓝色狂想曲
Rhapsody in Blue

现代玫瑰，四季开花，半藤本，中花，浓香，树高2m。深紫色，在寒冷地区尤显颜色鲜亮。具有香辛料一般浓郁的气味，魅力十足。花开时间较长，可以长期观赏。（图/弓削府邸）

奥诺琳布拉邦
Honorine de Brabant

老月季，一年多次开花，半藤本，中花，中香，树高2.5m。粉色花瓣上有些许红紫色条纹。温度越低条纹越清晰。树枝纤细，可以当作垂吊玫瑰来打理。（照片/雨宫府邸）

曼斯特德伍德

Munstead Wood

现代月季，四季开花，半藤本，大花，香浓，树高 1m。花苞是夹杂着黑色调的红色，盛开后花体呈深酒红色。是一个凸显成熟性感风格的玫瑰品种。花朵紧凑，适宜于盆栽养护。（照片 / 雨宫府邸）

古老国月

Gruss an Teplitz

老月季，四季开花，立木性，中花，香气浓郁，树高 2m。从日本明治时代开始栽培。根据修剪的强度，既可以作为玫瑰花树来栽培，也可以作为藤蔓玫瑰来打理。（照片 / 雨宫府邸）

黎塞留主教

Cardinal de Richelieu

老玫瑰，四季开花，半藤本，中花，香气浓郁，树高 1.5m。据说是最古老的紫玫瑰品种。开花初期呈紫红色，逐渐披上浅灰的色调，变化富有魅力。（照片 / 雨宫府邸）

玫瑰之下

Under the Rose

现代月季，四时开花，半藤本，中花，香气浓郁，树高 2.5m。开花的过程中，金色的花蕊慢慢从暗红色的花瓣里探出头来，娇俏可爱。可以让它们攀爬到拱门上，也可以任由它们自由生长。（照片 / 雨宫府邸）

黄金庆典

Golden Celebration

现代月季，四季开花，半藤本，大花，香气浓郁，树高 1.2m。金黄色的大花让庭院绚丽多彩。花朵的香气中，仿佛混合着茶香和果香。树木长势郁郁葱葱，耐热且耐寒。（照片 / 高桥府邸）

Basye的紫玫瑰

Basye's Purple Rose

现代玫瑰，一年多次开花，立木性，中花，香气清淡，树高 2.5m。深红紫色的花瓣、金色的雄蕊、红色的花心，组合成对比鲜明的单瓣玫瑰。树枝也略显红色，秋季可以欣赏红叶。（图 / 弓削府邸）

泡芙美人
Buff Beauty

老玫瑰，一年多次开花，藤本，大花，香气浓郁，树高2m。因其沉静的橙色和甘甜的香气而广受欢迎。枝条上尖刺少，生长力旺盛，容易横向延伸，适用于栅栏和墙壁。（照片/雨宫府邸）

真宙
Masora

现代玫瑰，四季开花，半藤本，中花，香气浓郁，树高1.2m。别致的杏色。因其强烈的果香而流行。秋季之前一直持续开放，抗病性强，推荐给入门者。（照片/雨宫府邸）

波莱罗
Bolero

现代玫瑰，四季开花，立木性，大花，香气浓郁，树高0.8m。洁白的花瓣和闪光的墨绿色叶子交相辉映。春天的第一茬花的花心里，透露着可爱的粉红色。因为体积小，所以也可以用于盆栽。（照片/雨宫府邸）

金扇
Eventail d'or

现代玫瑰，四季开花，立木性，中花，微香，树高1.2m。因其古色古香的色调被称为“金扇”。微波起伏的圆形花瓣格外优雅。适用于盆栽和低栅栏。（照片/雨宫府邸）

哈迪夫人
Madame Hardy

老玫瑰，单季开花，藤本，中花，香气浓郁，树高2m。据说是老月季中最白的玫瑰品种。飘浮在花丛中的绿色花心让人耳目一新。由于枝条柔软，可以用来装饰方尖碑。（照片/雨宫府邸）

冰山玫瑰
Iceberg

现代玫瑰，四季开花，立木性，中花，微香，树高1m。洁白的花朵大束盛开，充满花如其名的压迫感。经年的枝条可以连年开花，植株越来越雄伟。（照片/雨宫府邸）

山野草

WILD GRASS

除了自古以来就栽培的品种以外，近年来从海外引进的品种不胜枚举。其中园艺专用品种也在急速增加。气候变暖让这些品种可以生长的地区不断变化，因此所谓的“山野草”概念渐渐变得模糊起来。本章中，介绍园艺家们在自家庭院中尝试着培育出来的山野草品种。

小银莲花

Anemonella thalictroides

毛茛科。因为花像梅花，叶子像唐松草，所以在日本被叫作梅花唐松。原产于北美，昭和初期传入日本。随着花茎的伸展，花朵陆续开放。一到夏季，地上部分会枯萎。（照片/雨宫府邸）

小银莲花

Anemonella thalictroides Cameo

属于小银莲花的园艺品种，被公认为是该族群中的名品。浅粉色的花姿仿佛玫瑰一样。花朵略大于小银莲花。开花之前可以在上午接受日光直射，开花后半阴即可。（照片/雨宫府邸）

五叶黄连

Coptis quinquefolia

毛茛科。常见于针叶林中的常绿多年生植物。又名“黄连”，5片小叶子似花娇嫩。早春，在许多植物发芽之前，白色的小花就早早绽放。照片是花谢以后结出的果实。（照片/I府邸）

重瓣芸香唐松草

Anemonella thalictroides Shoafs Double Pink

毛茛科。属于小银莲花的园艺品种，比“Cameo”的粉红色略深，花瓣也略多，被称为“深色八重花”。无论是花色还是花形，都是能给您带来赏心悦目的一个品种。（照片/雨宫府邸）

日本琉璃草

Omphalodes japonica

紫草科。一种多年生植物，生长在树荫下和路边。植株高10~20cm，花似梅花，直径约1cm。5枚花瓣，花谢后可以欣赏到分成4瓣、形状独特的果实。（照片/雨宫府邸）

鹅掌草

Anemone flaccida

毛茛科。在这张照片中只能看到一朵花，但因为这个品种总是在一根茎上盛开两朵花，才因此而得名。另有一个非常类似的品种，类似的花朵单独盛开在一根茎上，名为一轮草。随着地下根的生长，花朵逐渐成片开放。（照片/雨宫府邸）

耧斗菜
Aquilegia flabellata var. *pumila*

毛茛科。虽为高山植物，但却是一种初学者也可以轻松种植的物种。由于其不耐湿的特点，请在梅雨季节或阴雨连绵的日子做好防水措施。即使是幼苗也很容易生长。紫色的部分不是花瓣，而是花萼。（照片 / 雨宫府邸）

日本耧斗菜
Aquilegia buergeriana

毛茛科。常见于山地、森林、草原上，生长地带的海拔通常低于耧斗菜。植物高度达30~50cm，而相比之下耧斗菜的高度仅为10~20cm。花萼向上，逐渐弯曲，渐成弓形。（照片 / 雨宫府邸）

无距耧斗菜
Aquilegia ecalcarata

种子能自由生长
的强壮品种

毛茛科。多年生植物，原产于中国。因花形似风铃而闻名。种子掉落后能在大自然中自己生长，品性足够强壮。 花萼向上的部分几乎没什么延伸的距离。（照片 / 雨宫府邸）

双色风铃苎环
Aquilegia Nishyoku-Huurin-Odamaki

毛茛科。紫色的花萼与白色花朵之间形成了美丽的对比色，体现出优雅的气质。与耧斗菜一样，花萼向上的部分几乎没什么延伸的距离。（照片 / 雨宫府邸）

樱草花
Primula sieboldii

报春花科。在笔直的花茎上开出3~5朵酷似樱花的花朵。原本只是一种野草，但被改良为园艺品种。花色和花形多种多样，目前栽培的种类已经超过了300种。（照片 / 雨宫府邸）

豹纹竹芋
Primula modesta var. *fauriei*

报春花科。是雪割草的变种。花如其名，冰雪消融的时候，正是它们绽放的时节。不耐热，适合栽培在通风良好的半阴处。同时也容易受到高湿的影响，所以要保持干燥。（照片 / 雨宫府邸）

台湾唐松草
Thalictrum urbainii

毛茛科。看起来像花瓣一样纤细的部分，其实是雄蕊。高度可达20~30cm。（照片 / 雨宫府邸）

水晶花
Chloranthus fortune

菊科。在冈山县、香川县和九州北部的森林中可见的一种稀少的多年生植物。雄蕊呈白色、细长，独具特色。 开花前接受充足的阳光照射，开花后转移到半阴处。（照片 / 雨宫府邸）

穆坪紫堇“中国蓝”
Corydalis flexuosa China blue

紫堇科。是紫堇的同类，原产于中国四川，属于穆坪紫堇中的人气品种。 鲜艳的蓝色花朵从4月盛开到6月，花期长，给庇荫庭院平添几分姿色。适宜种植在排水良好的地方。（照片 / 雨宫府邸）

心叶牛舌草
Brunnera macrophylla

紫草科。可以在半阴处生长，并且能抵抗寒冷的冬天，因此在遮阴庭院里也能大显身手。常青树种，其保留的叶子在冬天可以保护树冠，使其翌年春天依然会蓬勃发芽。除了蓝色的小花，还能欣赏到脉络优雅的漂亮叶子。（照片/雨宫府邸）

山东万寿竹
Disporum smilacinum

百合科。小巧的花朵成列开放，就像排队参加节日游行的孩子一样。 它在森林中成簇生长。花茎几乎不分枝，笔直生长，花株可达20~30cm。（照片/雨宫府邸）

白花铃藤
Clematis williamsii

毛茛科。藤本半灌木，在明亮的森林中与灌木牵绊在一起开放。刚开始绽放时是绿色，然后变为奶油色，最后会渐渐呈现出白色，花朵向下绽放。花朵硕大，适合种植在地面上。（照片/雨宫府邸）

紫藤
Indigofera decora

豆科。自然地生长在中部地区以西的岩石地区和河岸，是从“岩紫藤”变形而来的品种。属于落叶小灌木。株高30~60厘米。拥有酷似紫藤一样的小花簇，但是没有藤蔓。（照片/雨宫府邸）

大叶马蹄香
Asarum maximum

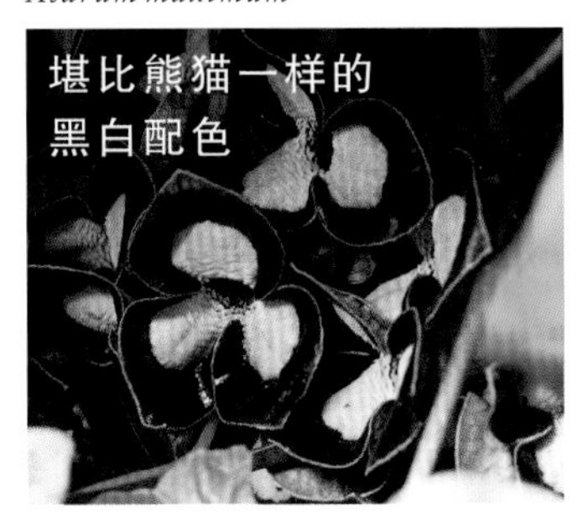

益生草科。花呈现（花萼的形态类似花瓣）黑白两色，像大熊猫一样。冬季保持常绿状态，花朵繁盛，很容易生长。（照片/雨宫府邸）

早池烽火绒草
Leontopodium hayachinense

菊科。 在岩手县早池峰山自然生长的多年生植物。这是一种类似于雪绒花的花，每年7月左右开花。 整体覆盖着白色的绒毛，看起来好像披着一层小雪花一样。被指定为濒危物种。（照片/雨宫府邸）

二叶淫羊藿
Epimedium diphyllum

小檗科。一种生长在温暖森林中的常绿多年生植物。4片花瓣和它们周围的花瓣状花萼浑然一体，看起来像一朵完整的花。没有像淫羊藿那种特有的距离（从花萼向上延伸的细突起）。（照片/雨宫府邸）

槭叶蚊子草
Filipendula purpurea

蔷薇科。这是一个从多瓣金盏花衍生而来的园艺品种，但花期要比多瓣金盏花早一些，叶片上的纹路清晰可见。（照片/雨宫府邸）

球序裂檐花
Phyteuma scheuchzeri

桔梗科。在阿尔卑斯山周围石头丰富的地区自然生长的高山植物。每年5—8月，蓝紫的渐变色花朵陆续盛开。 株高低于20cm。还有一个更为流行的昵称，叫作“风铃彗星”。（照片/雨宫府邸）

北重楼
Paris verticillata

叶子规则分布，
花朵像车轮龙骨一样

百合科。生长在略为潮湿的森林中。6~8枚叶子呈规则的放射线形分布，然后从中心开出一朵同样规整的花朵。花瓣呈丝线状，有4枚花瓣和4枚花萼，细长的花瓣看起来有点儿像纤长的雄蕊。（照片/I府邸）

二苞黄精
Polygonatum involucratum

两朵花朵
并蒂开放

百合科。这是一种类似栀子百合和玉竹的植物，但花柄会从叶子的侧面弹出，然后同时结出两个花苞。花期为5—6月。（照片/I府邸）

紫花唐松草
Thalictrum kiusianum

早在大正时代
就开始栽培的品种

毛茛科。一种漂亮的多年生植物，株高不高，一般为8~15cm，但能结出许多直径1cm左右的漂亮花朵。在唐松草中是最为普遍的品种。（照片/I府邸）

单花岩扇
Shortia uniflora

长长的叶柄
像一把团扇

岩梅科。生长在潮湿山区的多年生草本植物。因叶柄长，形似扇子而得名。花朵朝向侧面呈粉红色，花瓣尖端呈锯齿形，很有特色。（照片/I府邸）

燕万年青
Clintonia udensis

叶片酷似
万年青

百合科。一种生长在针叶林中的多年生草本植物。在花梗的顶端开放几朵白花。叶子像万年青的叶子，蓝紫色的果实像燕子的小脑袋。从正上方看的时候，有点儿像刀刃，因此而得名。（照片/I府邸）

黄花美冠兰
Tricryrtis flava

昂扬向上
的花朵

百合科。分布于宫崎县的多年生植物。小杜鹃之类的花朵，通常面朝下方或侧面，但这个品种的黄色花朵却始终保持向上。与花相比，花柄更长，长满茂盛的棕色绒毛。（照片/I府邸）

剪秋罗
Lychnis gracillima

花瓣边缘的
细小切口

石竹科。花类似雁皮。生长在日本中部以北的森林和山区的斜坡上。有5个花瓣，每个花瓣的边缘都有不规则的小切口。（照片/I府邸）

日本裸菀
Gymnaster savatieri

江户时期的
改良品种

菊科。它是紫菀的园艺品种。有紫色、蓝色、粉红色和白色的花朵。（照片/I府邸）

紫雀花
Parochetus communis

是三叶草的
原生品种之一

豆科。一种常绿多年生植物，也被称为“荷兰草”。叶子类似三叶草，由此而得名。但其实，它正是三叶草的原生品种之一。从秋天到春天，蓝色的花朵次第绽放。（照片/雨宫府邸）

花唐松草

Thalictrum filamentosum var. *tenerum*

雄蕊看起来像花瓣一样

金凤花科。在林间或溪水边生长的落叶性多年生草本植物。在5—8月开白色的花，看起来像花瓣的地方其实是雄蕊。草长30~80cm。（照片/I府邸）

淫羊藿

Epimedium grandiflorum var. *thunbergianum*

花瓣像船锚

小檗科。花朵类似船锚的形状，由此而得名。在通风良好的阴凉处生长。除了可爱的小花以外，3片小叶子也很漂亮。（照片/雨宫府邸）

淫羊藿　杨贵妃

Epimedium grandiflorum var. *thunbergianum*

花如其名，骄傲而华丽

小檗科。花形似船锚，是淫羊藿变种而来的园艺品种。同种杂交之后，开出紫色和黄色交相辉映的花朵，色泽高贵而灿烂，因此得名“杨贵妃”。（照片/雨宫府邸）

宝岛羊耳蒜

Liparis makinoana

花朵宛如一只展翅的铃虫

兰科。生长在山上的多年生植物。它那红褐色的花朵看起来宛如铃虫展开的翅膀。喜好潮湿，但不擅长处于长期下雨的环境，所以要做好防雨措施。植株高度为20~40cm。（照片/雨宫府邸）

脐果草

Omphalodes

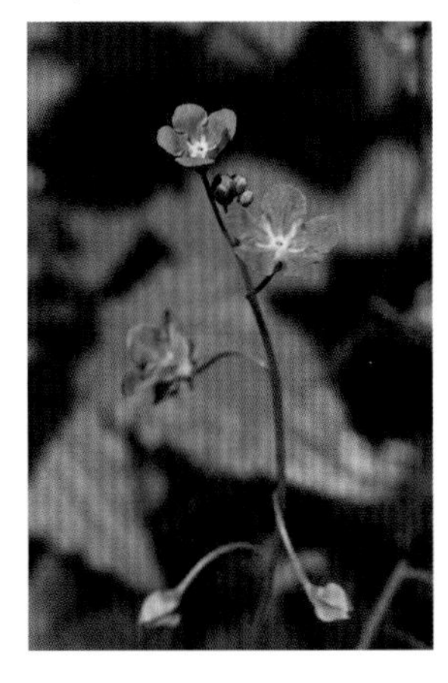

以其内敛的花朵来搭配岩石搭建的庭院

紫草科。“Omphalodes”的本意是“像肚脐一样”。顾名思义，该品种的形状有点儿神似肚脐。蓝色小花会让人联想到勿忘我，低调而内敛，在岩石花园中看起来很棒。（照片/雨宫府邸）

虾脊兰

Calanthe discolor

同类园艺品种众多

兰科。因其类似虾尾的地下根茎而得名，园艺种类繁多。每年4—5月，花梗上便接踵而至地开出繁茂的鲜花。（照片/雨宫府邸）

扇脉杓兰
Cypripedium japonicum

根茎细长

兰科。名字的起源来自花朵的袋子形状（唇瓣）。花茎从扇形叶子中伸展开来，结出俏皮的花。（照片/雨宫府邸）

浦岛南星
Arisaema urashima

好像垂吊的身姿

天南星科。在树林中常见的一种多年生植物。花苞（包裹住花朵的筒状部分）为紫褐色，边缘色泽较暗。（照片/雨宫府邸）

全缘灯台莲
Arisaema sikokianum

形态美丽绝伦

天南星科。花苞正面紫褐色，内侧黄白色。花朵中间有的所谓的附属部分形态洁白柔软，因而得名。如此美丽绝伦的植物，却是一种濒临灭绝的物种。（照片/雨宫府邸）

莲花升麻
Anemonopsis macrophylla

仿佛低垂的莲花

毛茛科。花梗斜向生长，开花时就像低垂的莲花，具有花瓣尖端颜色渐深的特点。里面有许多雄蕊和几根雌蕊。花径3.5~4cm，株高50~90cm。（照片/I府邸）

黄花宝铎草
Disporum flavens

被指定为濒危物种

百合科。它是无柄万寿草的一个亚种，会开出2~3朵黄色的钟形花。刚开花的时候，花朵向上开花，但渐渐会垂落下来。（照片/雨宫府邸）

对叶杓兰
Cypripedium debile

常被用来与扇脉杓兰互相比较的山野草

兰科。生长在森林的树下。与扇脉杓兰（左上）相比，植株略小，也被视为敦盛草的小号版。敦盛草株高可达30~50cm，花径5cm，但对叶杓兰的相应尺寸仅为10~20cm和2cm。（照片/雨宫府邸）

虎耳草
Saxifraga stolonifera

独特的花形非常有趣

虎耳草科。生长在潮湿的岩石上。因为不畏冬雪，因此得名。花朵趣味横生，明明有5枚花瓣，却只有2枚格外纤长。叶子可作为天妇罗等食用，还可用于烧伤、中耳炎等汉方药。（照片/雨宫府邸）

鬼灯檠
Rodgersia podophylla

强势的叶子与蓬松的花朵交相辉映

虎耳草科。因叶子的形状酷似鲤鱼旗杆顶端的箭轮而得名。6—7月开花，花茎长约1m，顶端是圆锥状的花朵。随着时间变化，花色由黄绿色转为白色。（照片/I府邸）

高山鹿蹄草
Pyrola alpina

通常较难栽培

杜鹃科。生长在低山针叶林中的多年生常绿植物，是日本仅有的7种日本鹿蹄草之一。花茎笔直，上面有2~7朵小花。叶子是椭圆形的，表面呈亚光质感。通常较难栽培。（照片/I府邸）

鸣子尤里
Polygonatum falcatum

低垂的小花娇羞可爱

百合科。斜向生长的花茎上会向下开出2~5朵花。与之非常相似的玉竹，也只能在一根花茎上开出1~2朵花。株高也略高于玉竹，可达50~90cm（玉竹为30~80cm）。（照片/I府邸）

匍匐筋骨草
Ajuga reptans

非常适合用作地被植物

唇形科。它原产于欧洲，也被称为夏枯草或青鱼胆。您可以欣赏青铜色的叶子和深紫色的花朵搭配在一起的美感。无论是阴凉处还是阳光下，都能茁壮成长，可以用作地被植物。（照片/雨宫府邸）

圆叶一药草
Pyrola nephrophylla

叶子呈扁圆形，花茎呈红色

杜鹃科。它与高山鹿蹄草属于同一属，因此非常相似。其特征是扁圆的叶子和红润的花茎。花茎上的花数也比高山鹿蹄草略多，可达5~10朵。这也是较难栽培的品种。（照片/I府邸）

树木

TREES

即使你知道一棵树的形状和特质，也很难知道应该如何种植、如何养护。虽然可以体验一下试错的过程，但毕竟需要跨越漫长的时间，这绝非易事。所以让我们来到第1部分中登场的赤地家庭院，看看他是如何种植和养护的吧。

用颜色和纵线
带来视觉动感

1 加拿大紫荆

Cercis Canadensis Forest Pansy

豆科，落叶小乔木。从新芽萌生开始，到初夏为止，叶子的颜色一直都是深紫色的。虽然到了夏天，叶子会变绿，但新生的嫩芽仍然是深紫色的。如果你把它种植在一个充满绿色的庭院里，它会给您带来一道华丽的风景线。

2 棉毛梣

Fraxinus lanuginosa f. serrata

木犀科，落叶中高乔木。树皮的青绿色花纹，好像被雨水打湿了那样润目。小清新的树干和嫩绿色的叶子，始终独具特色。生长缓慢，但无须过多呵护也能保持其自然柔和的树形，可以作为家中的象征树。

3 夏橙

Citrus natsudaidai

芸香科，常绿小乔木。5—6月开白花，次年4—6月果实成熟。对于能结果实的树木，无论成人还是小朋友都会很期待。在这个过程中，更能感受到四季的流转。橙子的颜色让庭院都明亮了起来。

4 木贼

Equisetum hyemale

木贼科，多年生常绿草本。根茎在地下生长，并会长出一簇簇的带节绿色茎。乍一看，是一种平平无奇的日本植物，但却能创造出富有现代感的空间。推荐在狭小的空间种植，这样可以创建出狭长而有立体感的绿色空间。

1 加拿大唐棣

Amelanchier Canadensis

蔷薇科，落叶灌木。春季开花，夏季结果。果实经常被鸟类吃掉，所以最好使用罩网或尽早收获。生长迅猛，即使从小树种植，也会很快变成大树。如果不想要特别高大的树木，需要定期修剪。

2 琉璃山矾

Symplocos sawafutagi

山矾科，落叶灌木—小乔木。枝条长得很好，生长力强到可以"覆盖整片沼泽"。由于它在庭院中被用作小灌木，所以需要定期修剪以保持小巧的外观。秋天会结出可爱的蓝色果实，但仅为观赏用。

3 垂丝卫矛

Euonymus oxyphyllus

卫矛科，落叶灌木—小乔木。高度为3~4m。鲜花和果实从长长的垂枝上垂落下来，甚是可爱，只要看一看就会被治愈了。既可以把它做成一棵象征树，也可以让它在更高的地方营造轻快的氛围。

4 栎叶绣球

Hydrangea quercifolia

绣球科落叶灌木。叶子像橡树叶一样，有较大的缺口，开圆锥形的白花。即使没有花，叶子浓重的绿色和可爱的形状也可以产生很强的存在感。对于高大的树木，尽量保持树下整洁有序。

5 十大功劳

Mahonia confuse

小檗科，常绿灌木。细密的叶子郁郁葱葱，赋予庭院美好的韵律感。风格既有时尚感，又有亚洲风格。秋季到冬季开黄色的花朵，正好可以在树木萧条的时候让院子变得绚丽多彩。可以强调树冠的蓬松感，也可以强调树干的高度。

6 红叶加拿大紫荆

Cercis canadensis ver. Mexicana

豆科，落叶小灌木。紫荆品种中较为紧凑的一种。叶子呈波浪形，造型时尚。可以种植在高大树木较多的区域，以增添独特的风格。本处种植在露台附近，以便可以近距离欣赏。

1 光蜡树

Fraxinus griffithii

木犀科，常绿乔木。生命力强，而且长势旺盛。小而有光泽的叶子给人一种精致而轻盈的印象。无论是日式还是西式，任何庭院中都可以使用到这个品种。落叶木落叶以后，还能给庭院里留下一丝绿色。通常作为轻巧风格的树篱使用。

2 野草莓树

Arbutus unedo

杜鹃科，常绿灌木。对移植的耐受度不高，因此建议提前决定好种植在哪里。可以享用到类似草莓的水果，也可以享受绿色、黄色和橙色果实的风采。生果很酸，可以考虑将其加工成果酱。

3 香港四照花

Cornus hongkongensis

山茱萸科，常绿乔木。这是一种常绿山茱萸科植物。叶子闪亮，冬天会带有一点儿褐色。叶子、花朵和果实都很漂亮，因为一年四季都可以领略它的风采，所以人气上升得非常快。如果作为遮挡视线的树篱，可以与落叶树搭配种植，即便落叶树已经落叶，它依旧挡住路人的视线。

4 夏栎

Quercus robur Concordia

壳斗科，落叶中高乔木。有非常漂亮的叶子。在阳光充足的地方，黄叶会持续很长时间，在弱光下则会提前变绿。树形天然而优美，也可作为象征树。

5 弗吉尼亚鼠刺

Itea virginica

虎耳草科，落叶灌木。长着像刷子一样的长花穗。高度约1m。易于修剪，还能观赏到红叶，是闪耀整个庭园的贵重植物。在本庭院中，被种植在可以从篱笆外面看到花穗的地方，同时起到了树篱的点缀作用。

6 开普敦悬穗灯草

Rhodocoma capensis

帚灯草科，常绿灌木。一种原产于澳大利亚的独特植物。向下垂吊生长，所以可以用于庭院的围栏。把它当作白色的背景，可以更好地衬托出其他植物。

左：在这里能够切实感受到大树胸怀的深厚。你会毫不犹豫地奔向前方的树屋。

右：树屋的材料是从邻居那里得到的废木料。享受思考如何使用这些材料的乐趣吧！

被大树拥抱
共享有治愈功能的地方

茨城县石冈市　山间小屋咖啡店　森罗庄

被大家憧憬的树屋，从开工之日起就受到了大家的关注。大家在这里被治愈，然后又向下继续开发充满欢乐的咖啡屋。

店主和小伙伴，还有一众客人的汗水结晶

坐落在日本茨城县石冈市筑波山脚下的山间小屋咖啡店——森罗庄，是一座被环绕在高大的白桦树中央的树屋。再往下望去，可以看到被选为“日本故乡之100著名景点”之一的八乡盆地。在空气清凉的早晨，可以领略到壮阔的云海。除了森罗庄的老板冈本先生和他的朋友之外，咖啡店常来常往的客人们也一起参与了树屋的建造，为这里付出了精力和汗水。冈本先生说：“就算因为工作疲惫不堪，只要我感受到被这束阳光包围，就能很快恢复心态。”接下来，还要继续一边流着汗，一边在树屋里创造新的乐趣。

咖啡店前茂密而明媚的草地。这里也是小伙伴们齐心协力打造出来的成果。

第3章

能发挥个性的庭院

在庭院中
尽显个性风格

我们常说“相由心生”。同样道理，看看眼前的庭院，就能体会到创造庭院的主人的风格。当然，也有些庭院体现出了主人本身的强烈个性。接下来，我们介绍一些超越了简单的“自我表达”，而是完整地刻画出主人形象的庭院。让我们来看看庭院创造的意义，在一瞬间抓住访客心灵的秘密。

玫瑰和山野草
双面庭院

在这个例子中，我们可以看到一座庭院展现出的双面魅力。
来关注一下各种手法和技巧吧。

山野草和玫瑰，互相尊重的共生空间

4 月春风，阳光日益明媚起来，从嫩绿树叶上跳到住宅街道的角落里，让人恍惚间忘记自己身处何处。

人字形的砖头小路，引导访客一步都不能停歇地向前走。脚下是各种各样的山野草，还有只有在画册中才有幸一见的可爱花朵。看着庭院中的山野草，忍不住想对它们说："大家都好健康呀！"在这座雨宫女士的庭院里，山野草好像都生长在原产地一样，茁壮而旺盛。

1 个月后，再次造访雨宫女士的家，这里竟然被玫瑰花的香气包围了起来。但这里并非只能欣赏玫瑰花，华丽的玫瑰和茁壮的山野草和谐共生。山野草也好，玫瑰花也罢，都是雨宫女士亲手培育的"孩子"啊！

庭院建造的本领

在有限的空间里成功地创造出风格迥异的区域。一步一步走进去，可以感受到不同场景的无缝连接。

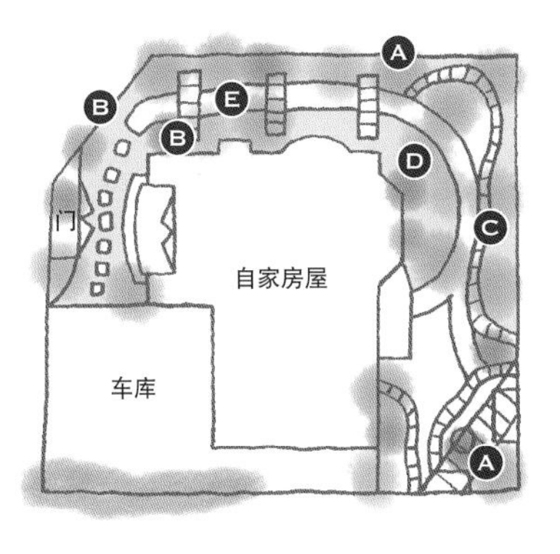

A 凉棚和半圆顶

B 栅栏和房屋墙壁

C 岩石花园

D 小山和花床

E 狭小通道

A 在显眼处搭建一个凉棚和一个半圆顶

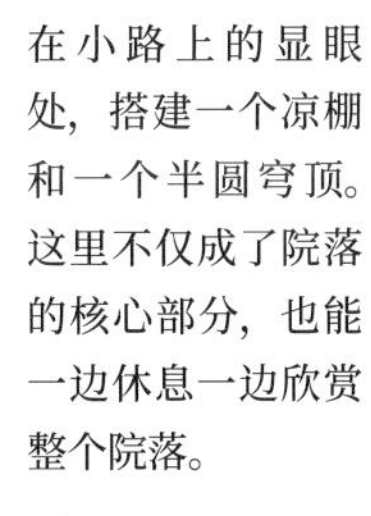

在小路上的显眼处，搭建一个凉棚和一个半圆穹顶。这里不仅成了院落的核心部分，也能一边休息一边欣赏整个院落。

B 让玫瑰在栅栏和墙壁间展示

把藤蔓玫瑰牵引到栅栏和房屋的外墙，让它们在这里尽情展示。到了花开时节，路人也能一起享受到花香的快乐。

C 在岩石花园里种植喜阴植物

岩石花园里的起伏动线，正好成为树木庇荫的好地方，最适合种植山野草。同时也可以在这里种植喜阴植物。

D 在人工打造的小山和花床上种植草花和树木

创造出与地面之间的高度差。高处日照效果好，可以种植喜阳植物。

E 以山野草作轮廓的狭小通道

靠近自家房屋和栅栏的地方，选种一些耐阴的山野草。在头顶和脚边留出易于穿行的空间。

Individual Gardens

个性庭院

01

雨宫府邸

神奈川县横滨市

山野草庭院的植物

岩石花园中使用到了火山岩，设计了通风和排水装置，种植的都是横滨住宅区里难以见到的山野草品种。

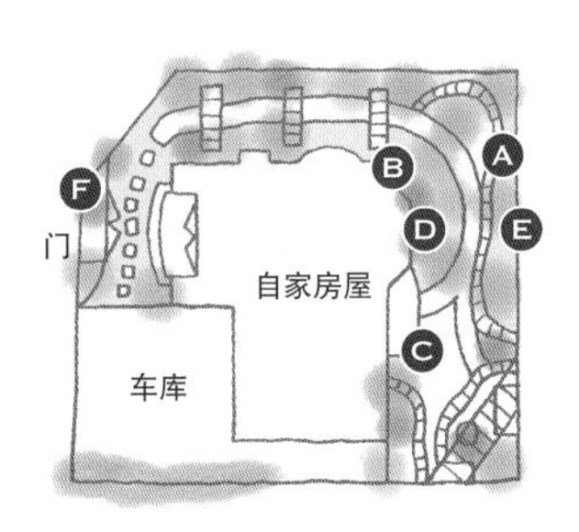

A
花床

这是由约克郡石堆叠而成的抬高花床。在花床的下面，有欧洲银莲花等叶子富于变化的赏叶植物。

B 小山

堆叠的火山岩起起伏伏，或高或低。中间的种植区域分为3层。高度不同，温度和湿度等环境也略有不同，产生了丰富的层次感。

C 小岛

从小路到树下，是用花盆组合而成的花坛。随着季节的变化，花朵的容颜也在变化。一条小路环绕着种植空间，移步之间就能从不同的角度欣赏到小花园。

D・E
岩石花园

小路两边是岩石花园。在这里，大大小小的火山岩星罗棋布，缝隙中伸展出日向石、富士砂等火山岩的细石，营造出自然中的山野环境，适合种植一些不耐高温高湿的山野草。

F 玄关前

开花、结果、赏叶……在这个空间里，一年四季都有可以点缀视线的植物。据介绍，这是为了让客人一目了然地感受到当下的时节。

雨宫府邸

神奈川县横滨市

玫瑰园的植物

玫瑰盛开时节的花园，鲜花铺满墙面和栅栏，山绣球花和地被植物更是让目光所至精彩纷呈。

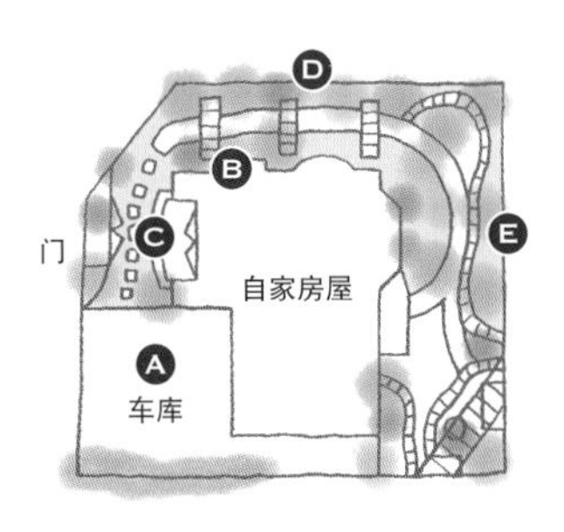

A 车库

原本就艳丽的玫瑰花在这里争奇斗艳。图中的莫蒂默·赛克勒开花早，花刺少，属于生命力顽强的品种。淡淡的粉色花朵，与可爱的山野草融为一体。

D 面朝道路的栅栏

这里满目都是或白或淡粉的玫瑰。把栅栏和格子架组合在一起，搭建高低错落的结构。在这里，无人不惊叹玫瑰旺盛的生命力。

B 房屋墙面

小巧的花朵次第开放，这就是香水月季除了香气以外的魅力。这段时间，家里始终洋溢着玫瑰的香气。

C 2楼的阳台

阳台周围也都是些生命力顽强、花刺较少的玫瑰品种，其中不乏一年多次开花的种类。

E 与邻家之间的小径

隔壁是一座公寓。因为这条玫瑰盛开的小径，公寓里的居民每年都在期待这个玫瑰绽放的季节。

Individual Gardens

个性庭院

01

雨宫府邸

神奈川县横滨市

山野草与玫瑰融为一体的秘密是……

山野草与玫瑰，虽然有人会从中选取一个作为自家庭院的主题，但在我的认知范围内，只有这里实现了二者的兼容并蓄。梅花落叶松、山琉璃草，若干不同种类的日本报春花……百花争艳，每朵花都在大朵玫瑰面前不甘示弱。而随着时间的推移，玫瑰朵朵绽放，这无疑给整个花园增添了几分楚楚动人的气息，脚下的山野草烘托着玫瑰，让舞台氛围达到满分。可以说，这个阶梯结构就是雨宫女士花园的精髓。

雨宫流

山野草培育方法

关注环境，
在住宅区也能种植林区原生的山野草

种植时间	购苗后立即种植。为了保持土壤良好的排水性能，要加入有机土壤改良剂、有机化肥等，然后再种植。
移苗	10月至翌年2月之间。移苗的时候与种植时一样，需要提前做好排水措施，调理好土壤环境。
打理	频繁点检。除了观察植株根部是否有蛞蝓、木虱以外，还要确认叶子上有无毛虫和飞蝗，早发现，早治疗。
肥料	开花以后，要在冬季施有机肥。
养护重点	仔细观察日照方向、通风状态，结合客观环境养护植物。大多数都在土地中生长。

雨宫流

玫瑰培育方法

下面需要种植山野草，所以要控制肥料和消毒药水。
为弥补这些，只能用精力和时间去守护。

种植时间	购买幼苗后应立即种植。但种植时间要避开仲夏。在创建花园之前，别忘了考虑排水，例如在地下60cm处装配雨水管和雨水沟。
移苗	在11月下旬至翌年2月之间进行，因为这段时间根部正处于休眠状态。临近春季，植物的发育活动即将重启序幕，所以需要在此之前移苗。
打理	树木类要在2月修剪，藤蔓玫瑰要在12月至翌年1月之间剪掉当年开过花的枝条，留下新枝重新引导。
肥料	使用蝙蝠粪便、印楝、螃蟹壳、油渣、骨粉、马粪等有机肥料，1月在根部取3处施肥。
养护重点	4月发芽后，一直到出花蕾之间，除了要做2~3次消毒以外无需农药。为此需要每天检查植物根部，防止害虫滋生并及时驱虫。

1 在这个房间里，珍藏着雨宫女士因为个人喜好收集而来的欧洲古董物品。飘窗上的窗帘是家具店老板在伦敦淘回来的，采用欧根纱布料刺绣，呼应着花园里的绿色，显得更加美妙。

2 家具是18世纪英国家具的复制品。

3 照明器材等也都是从一家西式古董店淘来的。

搭配着玫瑰的香气，家具也都是古色古香的风格

无论在房间里，还是在花园里，都有流光溢彩的风景。透过窗帘看到的世界与古董家具融为一体，室内仿佛时光倒流一般，带我们回到欧洲的美好旧时光。雨宫女士曾经说，她特别喜欢老玫瑰。而此时此刻，我突然意识到了雨宫女士在审美方面的独到之处。

可以看出，在雨宫女士的世界观中，一花一草、一桌一椅，都在起承转合之间融为一体。

右侧的通路

屋后的通路

狭窄也好，纤细也罢，就连背阴处也能建成漂亮的庭院

在这个示例中，主人成功地克服了很多人感到苦恼的难题，迎难而上装点了自家的花园。
看似平凡之中，满满的都是植物搭配的技巧、杂物搭配的窍门以及各种各样的小心机。

独具匠心的庭院

在鳞次栉比的住宅区中，很难单独开辟出用来作花园的空间，高桥先生的家也是如此。在四周建筑中间有一个小小的空间。大多数情况下，这里会被用来作储藏区，或者随意铺上砾石以防止杂草滋生。可正是这样的空间，却在高桥先生的手中变成了一座花园。这里有一系列的小景观。只要你想，就可以手捧茶杯在这里享受一下午的慢时光。

让遮阴的地方看起来更明亮，让狭窄的地方看起来更宽，有些路人不会注意到的细节，实则满满都是主人独具匠心的技巧。这里是一个让你能忘记日常生活的梦想空间。停停走走、看看歇歇，当你最终绕过花园、走到尽头，才不得不回到日常的生活里。然后你会发现，自己已经获得了永不言弃的勇气。

P.76・左：小路入口被斑斓的树叶和彩色树叶装点。小路蜿蜒曲折，使空间显得开阔。P.76・右：凉棚下放置了休息长凳。视线的尽头是飘窗似的架子，让人丝毫不会觉得局促。P.77・左：凉棚是明蓝色的，上面是一个放射状的屋顶，给人一种空间开阔的印象。P.77・右：砾石中的垫脚石很有韵律。整个空间充满动感。

右：看上去会让人联想到带铁栅栏的小窗户，给小径带来耳目一新的感觉。中：用细长的叶子营造动感。左：植物高低不同、错落有致，是独特的立体排列。

庭院建造的本领

巧妙利用构造物，带来更加巧妙的视觉效果。这座庭院里到处都有这样精心设计之处，例如地面上的砾石和砖块，不仅防止了杂草丛生，也让狭小的空间看起来更宽敞明亮。

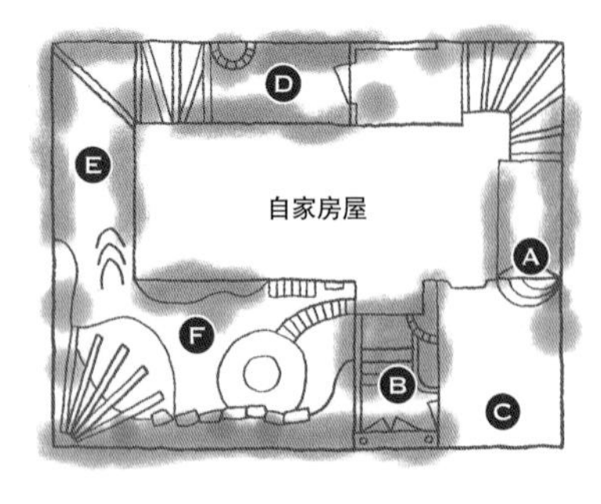

A 右侧空间

B 玄关周围

C 停车场

D 屋后空间

E 左侧空间

F 前庭

A 右侧空间

左图：小径的拐角处，一扇手工制作的门把停车场隐藏在身后，仿佛在召唤来客进入另一个世界。右：拐角处特意设计成了一个别致的空间，在这里可以同时眺望左、右两条小径的风景。

B 玄关周围

重重拱门和扶手，有意无意地强调着进深感。楼梯上放置的盆栽植物，其颜色也是近浅远深，给人一种深邃的感觉。白墙上镶嵌着深蓝色玄关门，同样也是通过色彩的视觉效果，让人感受到深邃的进深感。

C 停车场

停车场内侧，是用来收纳园艺用品的地方，同时也是杂货的展示区。木栅栏和藤蔓玫瑰弥补了停车场的质感。

D
屋后空间

右：藤蔓玫瑰搭成的拱门与砖拱重叠，让来者的视线不断向内侧延伸。中：引人注目的展示架。关键在于通透的背景。左：蜿蜒的小路在拐角处随机摆放了一些石头，以分散视线。

以门为界，好像隔离出了一个单独的小房间。

可以享受到步步生花的乐趣！

E
左侧空间

左：弧形边缘轻盈有趣。树干上的招牌让周围明亮起来。中：在开花之前，把玫瑰的藤蔓牵引到前面来，确保玫瑰花朵面朝下开。右：在不利于植物生长的屋檐下，并排摆放着盆栽绿植。

属于自己的秘密花园

F
前庭

左：凉棚架位于一步之高的台阶上，这里有一套小桌椅。选用了色泽明亮的桌布。右：刺槐和小苍兰的叶子赋予这个空间华丽的美感。

执念于植物，由男性一手打造的庭院

充分利用光线良好、易于通风的优势，在自家花园中种植了精心挑选的植物。花园的主人不遗余力地帮助植物发挥出最大的力量。

“绿手指”养育的植物

花木先生的花园里，小路两边全部种满了稀有植物。他说，6 年前路过这里的时候，就对这里一见钟情，想着在这个地方搭建自己的花园。南面阳光明媚，迎面吹来微风，使人心旷神怡。

园林设计师松田幸弘先生原本就与花木先生交好，他把花木先生称为“绿手指”，这是对“绝不让绿色枯萎”的人的褒奖。“我们付出 50% 的努力，植物也会付出 50% 的努力。就算是宿根草，3 年以后也能显露出真实特性。”花木先生这样说。他有一双属于绿色世界的神奇之手，可以让植物释放原始的力量。

庭院建造的本领

相信植物的力量，绝不过度施加外力。花朵凋零时，区分哪些需要被剪掉、哪些则无须修剪，然后有针对性地给予植物养护。不给予多余的照看，用最小限度的人为干预来充分释放植物自身的潜力。

地被植物筋骨草

筋骨草，是一种在半阴处也能保持良好长势的植物。其带有铜色斑点的圆形叶子，正好成为一片可爱的地被。春季到来的时候，蓝紫色的花朵一齐绽放。

紫红与紫色的色差效果

绿叶之中，浮现着紫红色的寺冈蓟（中）、紫色的丹参（左前）和掌上天竺葵（右前）。

花园中弥漫
着不可思议
的异国风情

因为对植物了如指掌，所以不会出现错误选项

左：花和叶都个性鲜明的乾花菊和黑种草。右：栎叶绣球从迷迭香叶尖探出，看起来好像细长圆锥和短胖圆锥之间悄无声息的较量。只有对植物了如指掌的花木先生，才能在如此有限的空间里，精准地种植下这些完美匹配的植物。

**小学生们上学、
放学路上的乐趣**

玛格丽特波斯菊（黄色天使）的茎已经发展到木质阶段，并且延伸到了路边。黄色的花朵盛开时，上学、放学路过的小学生们总是在这里欢呼雀跃。

Individual Gardens

个性庭院

03

花木府邸

东京都世田谷区

花木先生钟爱的植物

百花争艳之后，难免要面对百花凋零。但别忘了把主角转交给下一场花朵。
花木先生，深爱着这些亲手培养出的植物。

三色堇

三色堇的小花型。但最近种类增多，变得难以区分。

牻牛儿苗

深红色的牻牛儿苗，花瓣之艳丽，完全堪比玫瑰。

蝟实

日文名：钟馗空木。低垂的粉色小花有几分樱花的模样。

吊钟柳

拥有形如吊钟、别致而美丽的深红色花朵，纤细的茎叶也很有魅力。

寺冈蓟

江户时代开始种植，后经改良的品种。

棕榈天竺葵

花茎可达1m以上，大批花朵绽放的时候，可谓艳压枝头。

佛塔树

花朵造型独特，像佛塔一般。叶片类似齿栎，整株植物的存在感极强。

洋地黄　银狐

一串串的白色花朵表面，带着原生的白色绒毛，会让人误以为是白色的小叶子。

须苞石竹

暗红色的花朵开放时，叶片和花茎也会出现些许黑色，姿态独特。

三色堇　玛丽亚

精美的配色像空灵的水彩画一样，纤长的花枝优雅动人。

栎叶绣球花

圆锥状的白色系花朵与大片大片的深绿色叶子，描绘了一幅个性独特的画面。

松虫草

一簇一簇的小花像针垫一样。花谢以后的果实也有独特的造型。

花木先生的另一个独辟蹊径之处

1 花木先生和他的朋友们都很钟爱用这把制造于20世纪50年代和60年代之间的吉他来演奏蓝调音乐。吊灯是曾经用在渔船上的。

2 园艺工具均由匠人制作，追求尽量不破坏植物细胞的理念。

3 喷壶和钟表也是古董，让人不禁想象它们来到这里之前经历的时光。

4 花园的景色，就像镶嵌在窗框里的画卷，是客厅生动的延长线。

静静感受蓝调的空间

当我询问“您最喜欢这个花园的什么地方？”时，花木先生毫不犹豫地回答说是“初秋的花园，那时候花园里全是夏季生命力的余韵”。因为在这样的场景中，可以感受到蓝调的悠扬音律。当我步入花木先生的房子时，更深刻地感受到这是一个充满了蓝调的空间。买到土地后，花木先生和他的妻子，还有两位木工，四人一共花了半年时间才把房子盖好。内部装修和家具，花园里的一桌一椅，都散发着主人对生活的热爱和热情。既是服装设计师，也是吉他手，还是蓝调和爵士的粉丝，这就是真实的花木先生。正如蓝调拨人心弦一样，被称为“绿手指”的花木先生也同样撼动着植物的灵魂。

Individual Gardens

个性庭院

04

弓削府邸

山梨县山中湖村

在严寒肆虐的土地上也能营造出玫瑰盛开的原生态庭院

一边与严苛的自然环境作斗争，一边借助自然的力量开辟庭院。
或许只有男性，才有这么强烈的探究心吧。

不可效仿的庭院建造

靠近山中湖畔的别墅，冬季的气候严酷。主人弓削先生千挑万选了能在寒冷地区生长的玫瑰，然后在这里创造了一座灿烂的玫瑰园。自从 7 年前开始研究园艺以来，算上周末，弓削先生每周要在这里度过 4 天的时间。

以前，这里就是一座山间别墅，院内种有许多大树。想种玫瑰的弓削先生砍掉了 10 多棵橡树、枫树以后，原本被挡在树荫之外的阳光才得以照射进来。沿着小径搭建一座花棚，让藤蔓玫瑰顺势生长。虽然在种植之前设计好了在哪里种什么，但从结果来看，植物并没有按计划生长。说明书上明明说“抗寒性强”“抗阴性强”，但在现实中却往往被颠覆。经过反复的试错，终于成就了这座被众人期待鲜花盛开的开放式花园。

P.84：因为大树被砍伐而变得明亮的花园。在小径沿途，原生的铁线蕨给花园平添了几分野性的味道。P.85：沿着小路，就可以来到玫瑰园。入乡随俗的玫瑰花愈加茂盛，其品种已超过200种。

选择有共同点的植物的乐趣

蓝色狂想曲（左）和斑百合。两者都在花瓣尖端透出粉红色，而在花心侧保留白色。选择有共同点的不同植物，是一件很有趣的事情。

小路旁美丽的渐变粉色

在小路旁描绘出渐变粉色的花朵，从前开始分别是百合花、绣线菊、玫瑰（一棒粉）。

Individual Gardens

个性庭院

04

弓削府邸

山梨县山中湖村

在小径处做了拱门和凉棚。就算植物没有爬上拱门和凉棚，其结构的存在也会改变景观的风格。

庭院建造的本领

从开辟小路开始，逐步确定种植区域。种下的植物能不能适应这里的土地呢？在时间里寻找答案吧！

A 拱门和凉棚

B 散步小路

C 高度差

A 用拱门和凉棚营造变化

拱门上爬满了藤蔓植物和玫瑰

B

开辟散步小路

砍倒大树以后，收拾好散落的石子，就出现了小路的雏形。随后，在弓削先生的脑海里，就自然而然地勾勒出了种植合适品种的画面。可是植物并没有按计划生长……

家里也有视野开阔的高地！

C 利用山坡的高度差搭建台阶

小路中间出现了错落的台阶，让人想要停下来小憩片刻。继续向前，有风光无限的露台，也有玫瑰蜿蜒的林中景色，看点接踵而至。值得花点儿时间，慢慢品味的散步小路。

1 在栎树上挂着一张吊床。您可以在这片舒适的树荫下放松身心。
2 沿着小路，可以近距离观赏各色山野草。利用原有坡度，创建种植空间的进阶构造，可以一目了然地看到每一片野草。
3 山野草花园里，少不了自由生长的苔藓。从房间看过来，宛如花园。
4 通往小亭子的道路。这个小亭子，是用之前砍伐的树木搭建而成的。

山野草花园是
另一种欢乐的来源

建造玫瑰园时，弓削先生砍掉了几棵原本生长于此的大树，但保留了原来房子西侧的树木。没想到，再留意时这里的大树下已然成为山野草自由生长的空间。正因如此，弓削先生决定保持原生态。绕着小路搭建高度差，让观赏山野草的视线更清晰明朗。接下来，用砍伐的树木打造小亭子。无论原生于此的植物，还是客人带来的物种，现在都郁郁葱葱地生长着，给人带来意料之外的惊喜。不知不觉间，山野草之间的苔藓也覆盖了整个地面。一个是在与自然环境斗争中创造而来的庭院，另一个是不断接受大自然恩惠的庭院，对弓削先生而言，二者是同等重要的小庭院。

Individual Gardens

个性庭院

05

陶枫

山梨县山中湖村

前门

凉棚

搭建庭院，是手工制作的延长线 创造的乐趣无边无际

除了植物种植以外，构造物和建筑物也都出自自己的手。
让我们一起来看看主人的精心之作。

在移植的时候寻找最适合的地点

在游客会聚的山中湖岸旁,从小路转过来,就会看到一片翠绿。这片区域是自然环境优美的度假区,自然到处都是绿意盎然。但这座庭院显然与那些绿地不同，人工养护的痕迹清晰可辨。

经营这里的，是“陶枫”的主人 K 先生。自刚开始把后面森林里的树木和山野草移植以来，已经有 10 个年头了。据说让岛上的原生植物聚拢在一起比较容易照看和维护，于是陆陆续续移植过来，最终花园成了现在这个样子。就算是现在，K 先生也时不时地计划着“下次把这棵树重新种在这儿吧，这儿种些草更好看”。

在陶枫园中，一棵高大的枫树显得格外醒目。早在这棵树还是一棵幼苗的时候，K 先生就把它移植到了这里。枫树慢慢长大一点儿后，又将它移植到了更合适的地方。枫叶在秋天的蓝天下鲜红似火，让庭院璀璨多姿。

P.88・左：绿色起到了聚拢空间的效果。P.88・右：木板平台是手工制作的。这可是一个特等座位，坐在这里就可以近距离观望花园里的绿色植物。P.89・左上：从小块碎石切换到矩形的石板，演绎着抑扬顿挫的节奏。P.89・右上：在陈列陶器的长廊前，生长着一些身材矮小的植物，营造出明亮的空间。P.89・左下：长廊和平台之间有一个茶室。在入口处种植了槭叶蚊子草、小杜鹃等与茶室相互衬托的植物。P.89・下中：旧主楼经过改造，成为陶艺课的教室。学生们喜欢一边眺望花园，一边神清气爽地努力制作陶器。P.89・右下：建筑后面的庭院与精心设计的花园形成了鲜明对比，尽可能地保留了山野间的原生态。

庭院建造的功夫

为了不让树木高大到无法养护，所有的树木都要接受定期修剪。无论是树木的高度，还是庭院的宽度，都要保持在可控的范围内。

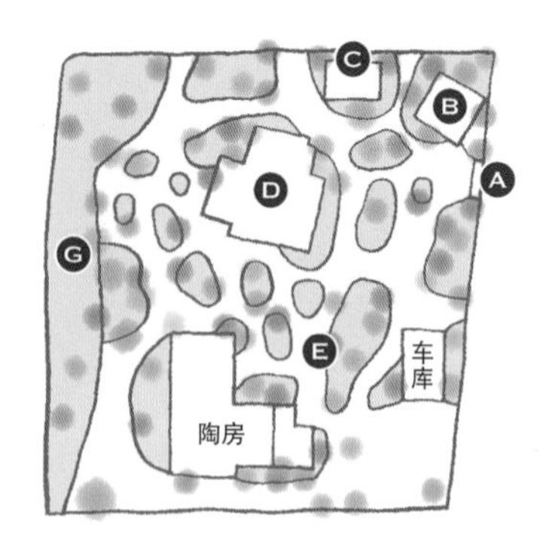

A 前门

B 露台

C 茶室

D 长廊

E 小径

G 杂木林

A 前门

K先生手工打造的小门时刻欢迎您的光临

手工制作的棚顶，主材是胶合板，贴上一层草帘后又固定了一层竹排。把理想付诸实践，这扇风格独特的大门显然让精心养护的庭院更有品位。

C 茶室

茶室被高大的野村红枫和血红鸡爪槭环绕其中，春天到夏天的门楣是绿色的，而秋天则会变成明媚的红色，让人禁不住看了又看。灌木丛里有玉簪、金丝菊、金银花、小杜鹃等。

B 露台

有屋顶，有长椅，这里给人一种小亭子的氛围。而且，这里还是绝佳的花园观景点。雨天，可以坐在这里近距离观察潮湿的绿植。

D 长廊

建筑物、木架、陶器，均为K先生手工打造

由K先生亲手制作的大大小小的陶器都在长廊里一字排开。长廊前种植着枫树、吊钟花、小月季、石竹，还有四季开花的槭树。

E 小径

地面石板的铺设方式更凸显K先生个性

庭院里面，有土路、碎石路和砾石路，让各个区域的表情都不尽相同。铺设的石头为铁平石。大小各异的石块组合在一起，体现着主人充满童趣和想象的内心世界。

F 装饰

让植物在自己亲手做的陶钵中生根发芽，然后装点庭院角落。放置陶钵的台子也是K先生亲手打造的。据说有时候也会从植物身上获得灵感，从而创作新款陶器。

G
杂木林

建筑后面的林地，也由K先生亲手布置，但这里要比前花园更富有大自然的感觉，同样以枫树和槭树为中心种植。右上照片中的花是红色蒲公英。

H
植物栽培

树木之下
有好多可
爱的草花

在土生土长的大杉树下稍事休息。周围种植着五颜六色的花朵和观叶植物。在宽阔的空间里，使用熔岩和木屑勾勒出别样的种植空间。

陶枫的另一个独辟蹊径之处。

1 从陶艺室向外看，能眺望到树木繁茂的后院。为了欣赏美丽灌木丛的全貌，特意增设了落地玻璃窗。

2 绿色好像会从每一扇窗户奔涌进来一样。

3 从陶艺室向外看前院的景色，仿佛感觉自己置身于京都寺庙的花园之中。

“陶枫”能让一切结出果实

K先生喜欢做饭。既然自己做了饭，就很想用亲手打造的碗碟来盛放自己的菜肴，接下来还想在自己打造的空间里品尝自己做出来的菜肴。一步一步，K先生就这样走进了陶艺的世界，开始了搭建庭院的生涯。到现在，集大成之作，无疑就是这座被称为“陶枫”的院落。全身心地去感受枫树庭院，自己收集建筑材料，然后在亲手搭建的建筑物里品尝自己亲手制作的美食。K先生日复一日，勤勤恳恳地耕耘着自己的梦想。

现在，于陶枫中尽是利用时令食材烹制餐点，每一品都色彩缤纷、味道温和。料理、容器、庭院，交织出一首和谐的交响乐。这首曲子既是K先生思想的结晶，也是客人在此享受到的无上奢华的惬意时光。

执着于山野草的45年

借助原本生长于此的山野草和树木，花费45年的光阴耐心打造的庭院。庭院中的一草一木，都刻画在I先生的脑海中。

经历漫长的年月，这里仿佛成为深山之中的山野草胜地。悠然静谧的空间，会在每年6月被春蝉的声音叫醒。在一片绿意盎然的空间里，夫人亲手培育的鲜花和盆景别有一番韵味。

45年的时光中，有些植物竟然成了濒危品种

I先生的庭院，距离富士山只有一步之遥，这里生长着300多种树木和山野草。45年前拿到这块地后，园丁先是铺垫出略有起伏的庭院小路。以这些小路为基础，搭配大树和原始山野草的长势，另行开辟了几条新的小径。接下来，还陆续增加了一些新鲜草木。1500m^2的宽阔空间里，生长着林林总总的树木和山野草。但是夫妻二人对哪里有什么，始终了如指掌。即使是肉眼难以分辨的小花，他们也能如数家珍般说出品种特征和开花时期。想必，这就是夫妻之间能共享的喜悦吧。除此之外，还有一个令人瞠目结舌的地方，那就是鲜花盛开之后会结出各色未曾谋面的果实。庭院时刻随着季节的变化而变化。

庭院建造的本领

园丁先是铺垫出略有起伏的庭院小路，之后夫妻二人陆陆续续开辟小路，引入了更多山野草。

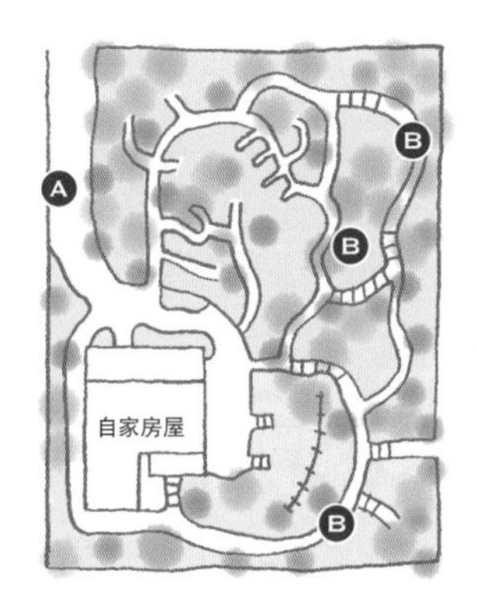

A 小径

B 山野草小径

小径的尽头，是家里的灯火

A 小径 阳台前有铁线蕨、马尾草、喜马拉雅虎耳草、鱼腥草等。长凳前面是富士樱花、铁线莲、荚蒾等品种。入口左侧种植了富士樱花、水苏等。

感觉漫步在林间小路上

B 山野草小径

种植了以下这些品种。
左上：小金玲花 、七筋姑等。
右上：铁线蕨、落新妇等。

左下：槭叶兔儿风 、舞鹤草属。右下：红花芍药等。

I 先生风格的

山野草培育秘籍

容易生长的环境

综合考虑日照、湿度、土壤等条件，变换位置或在几个条件不同的地方种植，以便找到最合适的地方。

养护方法

与同为山野草爱好者的朋友互相交换，以增加植物品种。或者可以在山野草商店购买，包括网络销售。

繁育方法

叶子落地以后，自然而然地实现了堆肥处理，除此以外，几乎不施任何肥料。采摘各品种的种子，然后繁育幼苗。

打理要点

尽量避免砍伐树木，可以根据需要移植树木搭建树荫。定期给干燥土壤洒水，保持土壤湿润。

第4章

空间广阔的庭院

空间不会被浪费的技巧

对于生活在城市的人来说，拥有土地是一件多么奢侈的事情。可实际上，有“面积太大，不知道应该如何搭建庭院才好”这种烦恼的人不在少数。其实无论是在狭小空间里打造小花园，还是在大空间里建设大庭院，完全取决于你自己的技巧。让我们来看园艺达人们是如何有效地利用空间，让花园的每个角落都熠熠生辉的。本章节中介绍的人们，因为与庭院朝夕相处，享受到的乐趣不仅仅是“拥有一片土地”而已。

一年四季中花朵绵延不绝的种植技巧

长野县富士见町　绿色小屋庭院

草坪周围盛开着蓝色和紫色的花朵。通过布置不同高度的花朵，将花盆放在高处，得到了不错的立体效果。

宽敞的庭院被区分成了几个区域，
每个区域都蕴含着四季花开的奥秘。
让我们来看看这座四季常绿的庭院案例吧。

充满冒险精神的千面花园

背靠八岳群山，鲜花遍布整个绿色的小花园。这个花园有很多不同的面孔，走着走着，就会忽然感受到另一个迥异的风格。尽管如此，仍然可以感受到身处同一个空间，让人安心而惬意。从停车场延伸过来的花坛里，长满了应季花朵。客人可以在这个小小的迎宾区，切实感受到当下的季节。

在前院鲜花的簇拥之下，一座花屋映入眼帘。沿着主楼转过一个直角以后，一片宽阔的草坪花园让人眼前一亮。最亮的地方，是院子尽头的小小堤坝，每次见到都能让人重拾童心。沉浸于漫步的心情，信步前行，不知不觉就回到了最初的入口。

客厅望出去，就能看到庭院外面的八岳连峰。在植物配置上多下功夫，与周围的大自然融为一体。

小花园的
表情千变万化

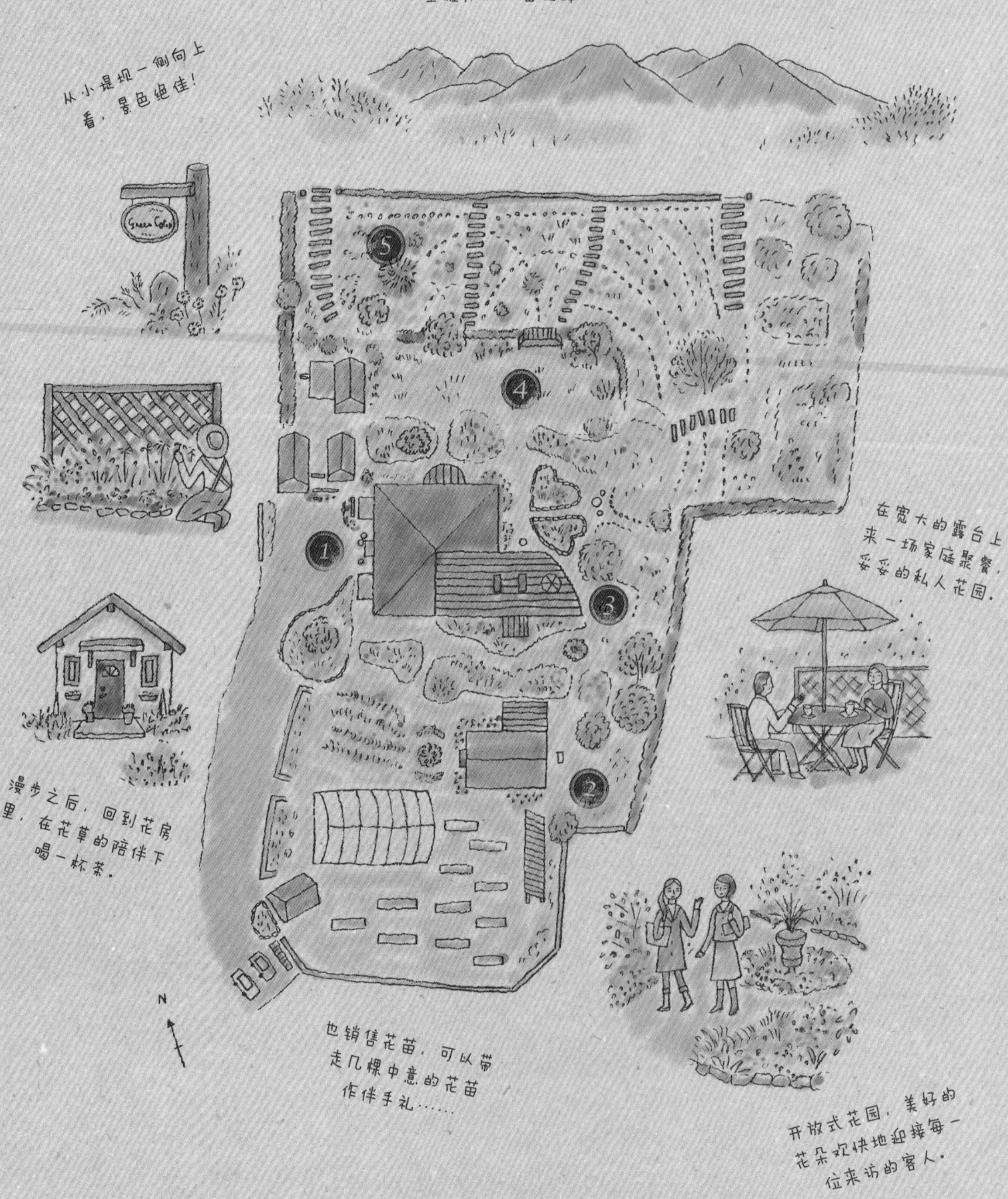
从家里、在庭院中，都能
眺望雄伟的八岳连峰。
从小堤坝一侧向上
看，景色绝佳！
5
4
1
3
2
在宽大的露台上
来一场家庭聚餐，
妥妥的私人花园。
漫步之后，回到花房
里，在花草的陪伴下
喝一杯茶。
N
也销售花苗，可以带
走几棵中意的花苗
作伴手礼……
开放式花园，美好的
花朵欢快地迎接每一
位来访的客人。

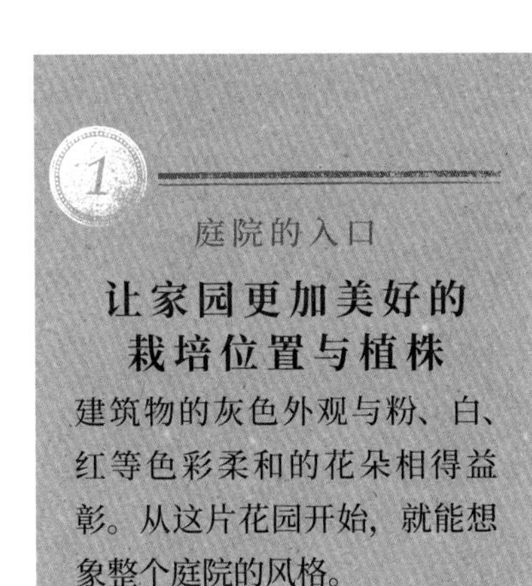

庭院的入口

让家园更加美好的栽培位置与植株

建筑物的灰色外观与粉、白、红等色彩柔和的花朵相得益彰。从这片花园开始，就能想象整个庭院的风格。

庭院入口。途经近端花坛和建筑物，然后就能进院子里。背后是八岳的山峦起伏。建筑物左侧的那条小路就是庭院小径了。

1 靠近高处的花坛旁，会发现整个院落已经被绿色所覆盖。
2 白色的花朵俨然是一片素雅的底色，上面彩色的小花星罗棋布。

每一季都有鲜花盛开

横向并没有很宽敞的空间，高个子的植株在后面，矮个子的植株在手边，前庭绵延到入口附近。挺立的郁金香，一副由衷期待春天降临的模样。

紫藤院

时刻准备着迎接客人的庭院

紫藤，顾名思义，是“紫红色”的花朵。以紫藤花架为背景，四处都是美丽的紫藤花。紫藤花架和周围的格子上，攀附着娇嫩的铁线莲（粉红色）。位于中央的花房俨然是庭园的焦点，也是迎接宾客的地方。

从花房向外眺望，
就能看到姹紫嫣红的春季庭院。
在建造庭院的时候，
就设计好了“目光所至”的景色。

连接到花房的小路

1 穿过花田来到花房，途中有许多高大的花朵，在道路的尽头若隐若现。
2 花坛边缘的石头上也铺满了植物，营造出大自然的氛围。

从花房看到的风景

1 紫藤花园就在花房的露台附近。
2 紫藤花园的主角紫藤花，花开正好。放在紫藤花架和格子之间的，是种在花盆里的朱蕉叶，俏皮地点缀着这片空间。

被花朵包围，享受最为舒适的时光。远离纷扰的世事，在大自然的景色中得到治愈。

露台和中庭

从客厅可以眺望到私家花园

客人能在圆弧形的露台上自由地放空，家人们也可以在工作之余到这里喝茶。这里摆放着用木桶改造的大缸、花坛和垂钓花盆，形成了露台和绿色庭院之间的桥梁。为了无论何时都能从客厅窗户直接观赏到花朵，特意设计了这样的栽培格局。

八岳连峰的绝景，
让庭中漫步多了几分乐趣。

1 紫藤花架下方，是一个特等席位，在这里可以随心所欲地与紫藤花亲密接触。

2 从客厅和庭院，可以直接看到八岳连峰的所有山脉。

3 花坛和垂钓花盆里，种植了与紫藤花同色系的花朵。

4 整个露台看起来像是漂浮在花海当中。露台、遮阳伞和花盆的圆弧线条玲珑有致，让这里的空间妙趣横生。

1 后面的花园里，花色更加丰富多彩，但散落其中紫色的小花仍然奠定了花园的基调。在春天，葡萄风信子、绵枣儿和雪花莲早早就会绽放。
2 草坪和花坛之间的分界线似有似无，已经完美地相互融合了。
3 远眺八岳连峰，好像可以把它纳为独有。

在庭院最深处，
是能远眺八岳连峰的绝佳秘境。

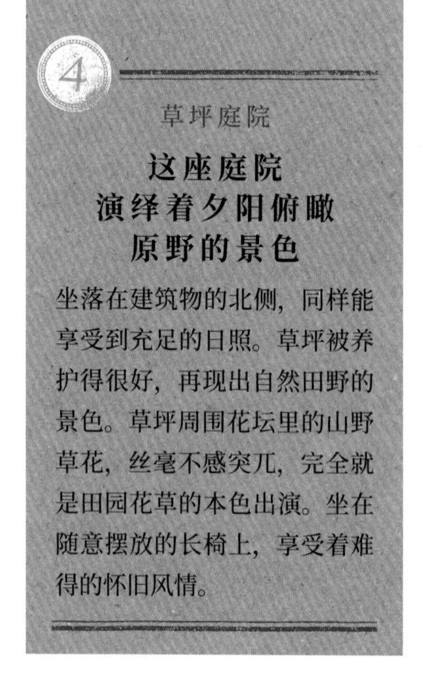

草坪庭院

这座庭院
演绎着夕阳俯瞰
原野的景色

坐落在建筑物的北侧，同样能享受到充足的日照。草坪被养护得很好，再现出自然田野的景色。草坪周围花坛里的山野草花，丝毫不感突兀，完全就是田园花草的本色出演。坐在随意摆放的长椅上，享受着难得的怀旧风情。

居高临下的庭院

在土坡上铺设台阶，搭建散步小径

多年之前，这里有一棵高大的栗子树，其他植物不太容易在这里生存。之后人为地堆砌高地，重点增加了宿根草和自然繁育的品种。几年以来，适者生存的物种不断繁衍生息。地梨等自生品种、环境耐受性强的玉簪等也不断增加，让庭院的风格自然随和。

植物难以生存的地方，就让它保留自然风貌。

1 斜坡处堆砌石块，避免水土流失。楼梯的质地为枕木。
2 楼梯两侧种植着柔毛羽衣草。

自然庭院的种植案例

宿根草和自然繁育的品种，经过多年之后自然而然地形成了小花坛。但这里却蕴含着精心设计的栽培技巧。让我们看看都种植了哪些植物吧。

为了让花朵接连不断地开放，春季开花植物的间隔里，种植了夏秋开花的植物宿根草。花坛边，种植了常绿地被植物，与道路形成自然过渡。为了增添散步时的乐趣，还种植了芳香四溢的品种。

连接多个“小花棚”的种植带

山梨县山中湖村　小花棚

在这个案例中，散布在整个园区内的小花棚
巧妙地把种植区域连接在了一起。
它与周围的绿色环境融为一体，令人叹为观止。

从入口看进来的景色。入口这边的小棚屋乖巧可爱，让人想快点儿进去一探究竟，与周围的景色完美地融合在一起。

入口处的小屋子是一家精品店。墙面上爬满粉色的藤蔓玫瑰，与下面的花坛连成一体。

园艺师憧憬的空间

小棚屋，其实是用来存放园艺用品的地方。虽然它只是一个存储空间，但在很多园艺师的理想中，都很希望有这样一个小屋来充当庭院的标志性建筑物。

拥有自己独特名号的小木屋和精品店，就坐落在山中湖畔。曾几何时，主人牧田夫妇把这里当作自家的车库。牧田先生既是建筑设计师，也是一位赛车手，他亲手把曾经向往的小棚屋同比例放大，然后让它们分布在自家院子的各个角落。

小棚屋在山中矗立。主人时常呼朋唤友来到这里，一边感受山中清凛的风，一边彻夜长谈。当然，别忘了光临精品店。游荡在每个小花棚之间时，可以感受到植物一直陪伴左右。这些植物都是牧田夫妇精心挑选的品种，在严寒的环境中也能健壮成长。花朵无声地述说着四季的轮回，看着游人来来往往。

由小花棚连接而成的庭院

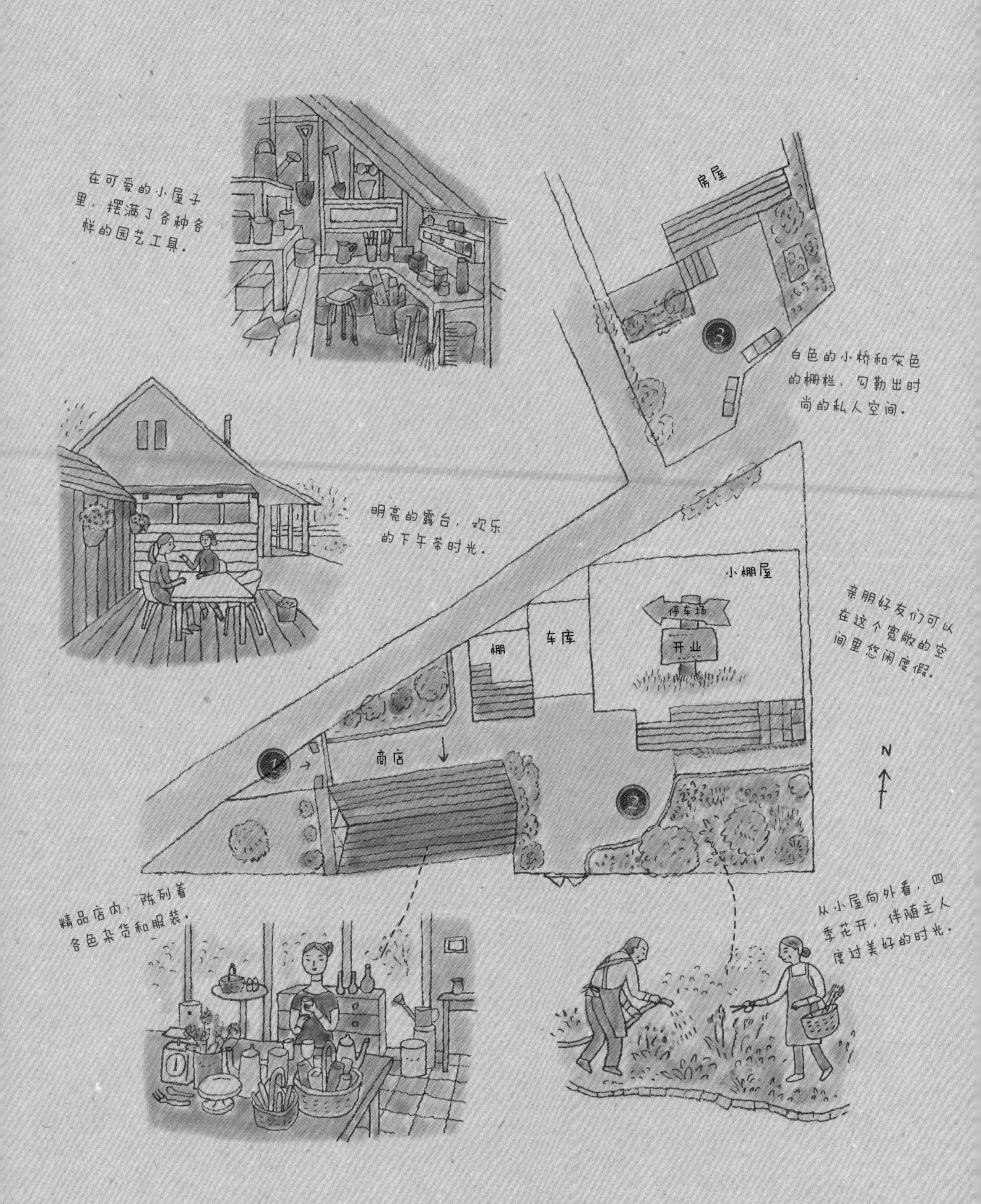

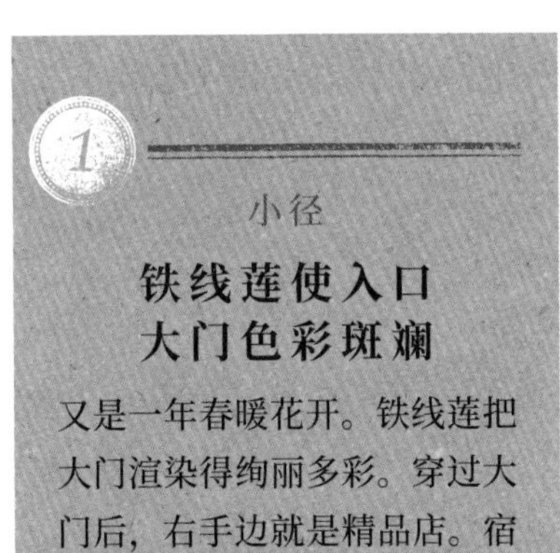

1

小径

铁线莲使入口大门色彩斑斓

又是一年春暖花开。铁线莲把大门渲染得绚丽多彩。穿过大门后，右手边就是精品店。宿根草摇曳生姿的种植区，带露台的花屋、车库和小棚屋接踵而至。建筑物的基调是亚光灰色，斑斑点点的绿色在这里显得非常夺目，让人禁不住环顾四周。

今年再次重逢了！铁线莲和宿根草还在去年的地方等着您。

1 客人会把车子直接驾驶到小屋前，所以道路必须要修得平坦。道路虽然给人带来硬朗的感觉，但是反而衬托了建筑物的氛围和绿色的存在感。

2 露台上有大大小小的容器和藤蔓植物。

3 小屋内出售园艺工具。

4 精品店内。

5 在营造场景的时候，院子外面的绿色也同样扮演着重要的角色。

小屋前的花坛

一年四季
花开不断

小屋前的花坛里，竭尽所能地种满了宿根草。从开始搭建庭院起，能够存活下来的品种在这6年时间里一直顽强地生长着。春季的葡萄风信子和白烛葵凋谢以后，恰逢六倍利的花期。这样交错下来，花坛始终保持绚烂色彩。

粉色、白色、蓝色，
以颜色为主题，统一规划种植区。

1 花坛当中种植着地被植物，如深山樱草、九轮草和筋骨草等。
2 从屋内看到的花园景色。
3 绿树环绕的店铺建筑，成为花坛的背景，格外典雅。
4 历经若干年后，宿根草的群落已经发展壮大了。

1 在露台上种植的无藤青豆。
2 从自家宽阔的露台上眺望私人花园。
3 略微倾斜的种植空间。
4 前景中绿意盎然的区域就是私家花园。栅栏的另一边绿色继续蔓延。
5 玉簪和圣诞玫瑰都会如期开放。

在私人空间里，山野草郁郁葱葱。

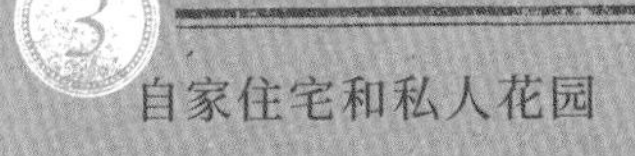

3 自家住宅和私人花园

一边尝试，一边寻找最爱的风格

牧田夫妇的家位于精品店和小屋的对面。建筑物的整体氛围与小棚屋的区域协调一致，但家中的花园就有些与众不同的趣味感。就植物的种类来讲，偏向于清新自然的风格。花园里随处可见充满活力的植物。或许，这座花园赋予了牧田夫妇无穷的力量。

每一位家庭成员都要承担一部分庭院建造

森林里有一片空地，这里的青草新鲜得让人眼花缭乱，从东京搬来两年的金井夫妇就落户在这座庭院里。这对夫妇说他们打造这个院落的时候，正好刚刚开始涉猎园艺操作。金井夫妇和妈妈共同生活，一家三口都喜欢植物，但也各有各的喜好。在亲手打造庭院的时候，三人各司其职，确定好责任区域，然后创造了各自的独立空间。

大门口到建筑物之间的小路旁，是由金井妈妈负责的花坛。草坪后面的坡地，是由妻子负责。金井先生在车库前深邃的空间里创造了一条小路，造型不亚于公园景观。每个花园都按照自己的喜好建造，但组合到一起，又形成了一个毫不冲突的广阔空间。

当窗户完全打开时，花园的绿色植物通过与客厅相同高度的露台跃入您的眼帘，就好像您在花园里一样。

全家总动员，乐享精益求精的庭院建造过程

山梨县山中湖村　金井府邸

一片被包围在森林中间的美丽庭院。虽然风力强大，但在四周树木的保护下，各种植物无忧无虑地生长着。

三强联手的一座庭院

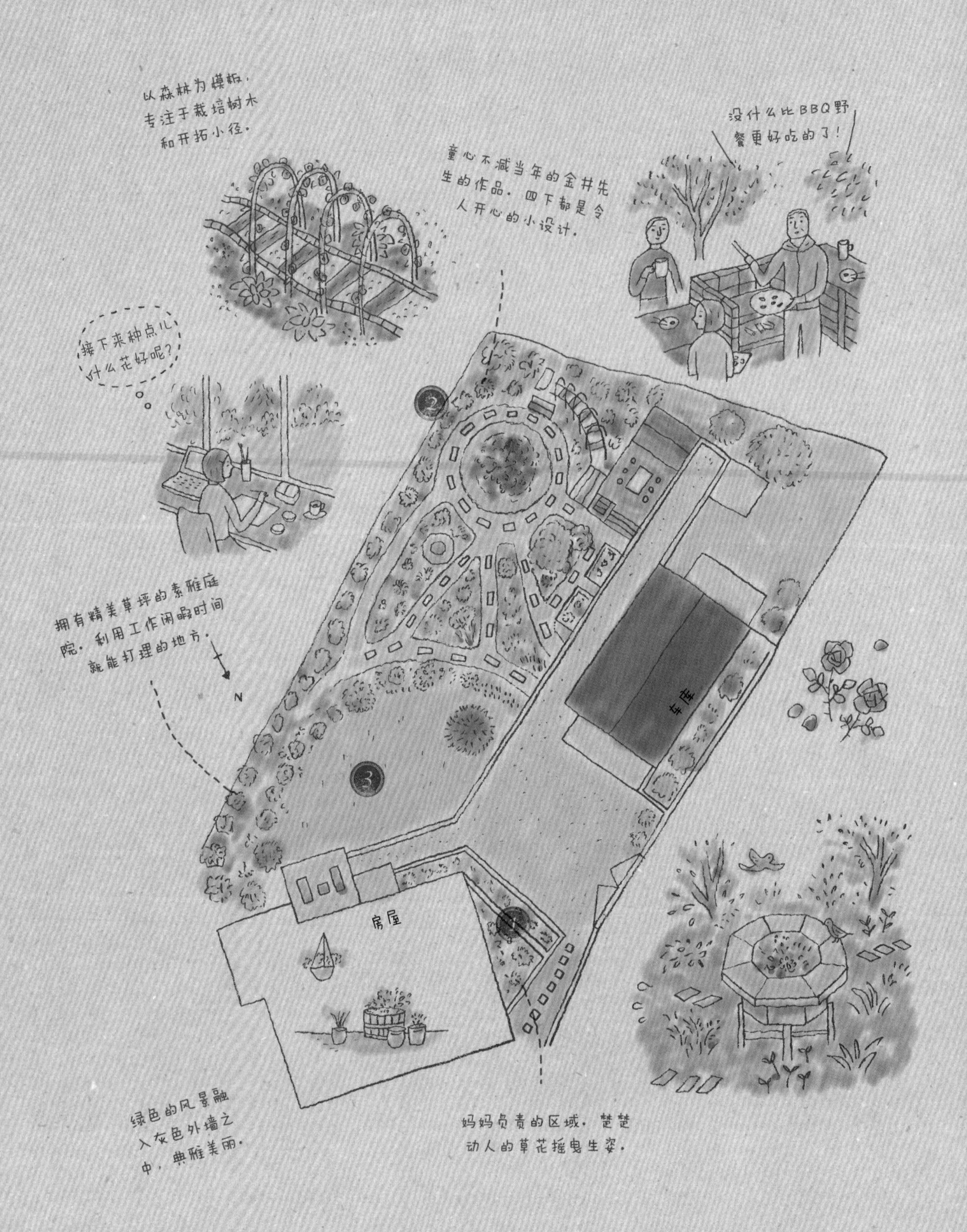

以森林为模板，
专注于栽培树木
和开拓小径。
童心不减当年的金井先
生的作品。四下都是令
人开心的小设计。
没什么比BBQ野
餐更好吃的了！
接下来种点儿
什么花好呢？
拥有精美草坪的素雅庭
院。利用工作闲暇时间
就能打理的地方。
N
车库
房屋
绿色的风景融
入灰色外墙之
中，典雅美丽。
妈妈负责的区域。楚楚
动人的草花摇曳生姿。

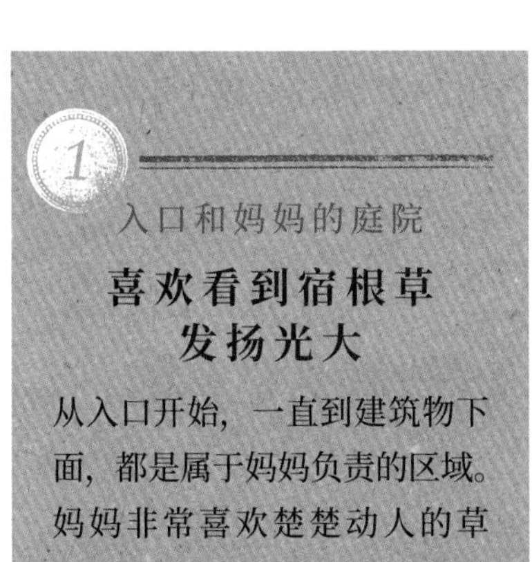

1

入口和妈妈的庭院

喜欢看到宿根草发扬光大

从入口开始，一直到建筑物下面，都是属于妈妈负责的区域。妈妈非常喜欢楚楚动人的草花、宿根草和观叶植物，所以把它们被囊括到了这里。种植空间分为上、下两层，形成两条亮丽的绿色植物带。已经过去两年了，期待宿根草继续发扬光大。

妈妈的庭院以草花为中心

随心所欲地种植自己喜欢的植物。

种植空间坐落在狭长的花坛中。只是随心种植些喜欢的植物，不知不觉间空间就被填满了。铜色叶片的风箱果和巧克力色的波斯菊点缀在淡雅的草花中。期待着几年后看到更加高大的宿根草。

利用高低台阶拓展种植区域

先生的庭院

专心经营的庭院，还在不断进化中！

金井先生负责的区域，正在向曲折蜿蜒的风格进化，所以新鲜的小路、工作小屋、周围的花坛还在陆续增加中。整个花园呈放射线状展开，有些英式花园的风格，但也并不缺乏日式风格的角落。金井先生原创的花园，正在慢慢成长着。

明亮的小路成为花园的点缀

一草一木，创造自己喜好的景色。

1 在由枕木和小石头铺垫的小路上，搭建了拱门。只待藤蔓玫瑰盛开，梦想中的景色就算大功告成。

2 工作小屋前摆放了小小的料理台和桌椅，乐享BBQ时光。

3 桌子旁边是果树的树苗。

童心满满的庭院

❶ 充分利用原生植物，例如富士樱和线裂老鹳草。
❷ 至于露台上的遮阳棚，连布都是自己买回来的，然后与朋友一起缝制而成。
❸ 在金井太太掌管的地区，两年来宿根草的数量大幅增加。

明亮的草坪和周围的森林，风格独特，自成一派。

太太的庭院

负责草坪深处的植物栽培

太太负责的区域，就在草坪边缘与自家宅邸的交界处。选择色彩鲜明的灌木和宿根草，让草坪与宅邸外面的景色平稳过渡。为了适应这片严寒的地带，特意寻找耐寒的宿根草，踏踏实实地铺垫自己的庭院。小鹿偶尔会来啃食草坪。在与小鹿斗智斗勇的过程中，享受着只有在这片土地上才能拥有的快乐。

遮阳棚也是
亲手打造的

与白色庭院搭配着，建筑物也同样白绿相间。让我们沉浸于这个白绿相间的世界里吧。

用立体结构配置草花，前后左右百看不厌。几个月以后，这里的花朵会有变化，但不变的仍然是白绿相间的格调。

专情于白色花朵
为爱花之人设计的“白色庭院”

神奈川县横滨市　押花餐厅　白色庭院

在纯粹的绿色和白色世界里，更能体会到花叶形色的精妙之处。

感受百花奥义的宝贵空间

顾名思义，这是一座白净典雅的花园，各种白色的小花给庭院带来欢快的色彩。主人柳川雅子老师擅长利用花朵自身的美丽，创作各色花艺作品。柳川老师举办的花艺课堂就在这里进行。教室里五颜六色的花束和窗外的白花相得益彰。

这座花园的历史已经超过了 10 年，树木和植物仍然熠熠生辉，给人一种森林角落的氛围。珙桐、草莓、六月浆果等植株郁郁葱葱。下面的玫瑰、三色堇、小雏菊等白色的花朵也不甘示弱。它们争相开放，绵绵不断地向来客展示着“白色花园”的魅力。

虽然眼前只有白色和绿色，但随着季节和时间的变化，有时一天当中也能欣赏到几种不同的配色组合。植物的风情真是令人叹为观止。虽然同为白花，但花的大小、形状各不相同，好像是一片白色的海洋。

白色庭院里的小花

阳光洒下来的时候，白色的花和银色的叶都晃得人睁不开眼。

花园的深处，山野草昂首挺胸地绽放着。山间绣球花盛开，雨后是一片湿漉漉的光景。

第 5 章

被大自然包围的庭院

与周围的绿色
和谐共生

热爱自然，因此移居到自然里。这些人都怀念着故乡的自然环境，不想让自己的生活环境与大自然完全割裂开。与自然的互动方式很多，但正是因为身处大自然当中，才有机会创造自家的花园。很多人都认真设计了自己与自然相处的方式，例如让自家庭院从周围的绿植借景、花心思把绝佳景色纳入视线当中、调整庭院的朝向等。让我们来看看这些人是如何与花园共生的吧。

诞生于防雪对策的庭院大改造计划

长野县富士见町　T府邸

意料之外和情理之中的正规庭院改造。
最初困惑于如何利用新开发出来的空间，
没想到却在大动干戈的过程中感受到了
无限的乐趣。
期待今后植物和庭院共同成长。

路面铺满碎石，以防止杂草丛生。绿色中间流淌着一道白色的光，让庭院更加生动起来。

斜坡地面上的草坪，留了些许色彩明亮的草花，让目光有寄托的地方。

为了消除房顶落雪的问题，撤掉了大部分的露台

想从城市搬到更接近大自然的地方去生活。怀揣这种梦想的人不在少数。T先生也是其中之一。下定决心之前，思虑纷纷：气候差异有多大？那里的人怎么生活？在T先生大致把移居地点锁定在这附近以后，先是租房子落脚，然后一边与当地人交流，一边寻找中意的土地。花费了4年

露台延伸出来的空间，与新形成的小路连成一片。因为诞生了这样一处宽阔的场地，在院子里休闲的时间更多了。

时间，才终于买下这块土地。

因为近几年来气候变化导致积雪不断增加，再加上年岁渐长，使得扫雪这种体力劳动也成了一种负担。而且，房顶积雪滑落的问题，也成了一个不得不解决的问题。

要对这间房龄超过 20 年的老宅子进行改造，首先要考虑的就是房顶落雪的对策。T 先生毫不犹豫地切掉了大面积的露台甲板，只留下原有面积的 1/3 左右。这样一来，不但减轻了沉重的扫雪负担，还拓展出更大的空间。

之后，T 先生开始了真正的庭院建设。20 年前，这里的花园以草坪和园艺品种为主，但随着灌木、草花的到来，氛围不断生动起来。在有甲板的地方，铺设石头小路。撤掉甲板露出来的地方，现在成了山野草欢乐的海洋。

享受树荫的庭院与草坪平整的庭院共存

被包裹在绿色当中，T先生的家宛如童话小屋一般。

车库棚顶上的玫瑰和铁线莲令人惊叹。

屋后的焚烧炉周边，有木栅栏和红砖，干净利落。

车库

藤蔓植物实现了庭院的一体化

车库四周都是熙熙攘攘的玫瑰和铁线莲。常以硬朗形象示人的空间，也巧妙地成为庭院的一部分。春季，这里会有整片的粉色。

在新开发出来的空间里，让喜阴山野草自由生长

因为露台变小，因此诞生了更大的空间。露台下面有溪荪、丁香草、玉簪等喜阴山野草。

露台下

草坪和花坛

用砖头作分割线

在草坪和种植区之间，用砖头勾勒分割线，让连绵不绝的绿色张弛有度。温婉的曲线与清爽的草坪简直是绝配。

玄关周围

堆雪的空间

如果不及时打扫门前的积雪，就可能会冻成冰块，所以除去之前的植物，专门留出堆放积雪的空间。

从寻找一块可以随时眺望大山的土地开始

山梨县北杜市　木村府邸

南阿尔卑斯山（赤石山脉）的风景
尽收眼底。
露天看台就是自家独有的观景台。
山顶的积雪消融后，
又迎来了下一个缤纷花开的季节。

日本紫茎和花叶复叶槭是庭院中的点睛之笔。开始搭建庭院到现在，11年来两棵树已经长得比房子还要高。

南阿尔卑斯·甲斐驹岳的雄姿就在眼前。露天看台是绝佳观景台。

修剪周围的绿色，给绝佳的景色锦上添花

在去木村先生家的路上，隐约可以看到南阿尔卑斯山山顶上的积雪。抵达后，一座被绿树环绕的白色房屋出现在蔚蓝的天空下，在阳光的照耀下熠熠生辉。这里本来是农田，虽然可以时刻眺望远处的群山，但打理眼前的绿地却并非易事。木村先生在搬到这里之前，在札幌生活了很长时间。借助从札幌带来的植物和种子，使自家的花园品种日益丰富，不知不觉间，已经进入第 11 个年头了。

穿过客厅，眼前出现了南阿尔卑斯山的壮丽景色。但与沿途中陆陆续续看到的景色不同，这里再也没什么障碍物阻挡视线了。“只有在这里，才能一览山上风景全貌”，因此选择移居此处。找到这里的时候，此前寻寻觅觅的辛劳一扫而空。为了更好地享受美丽的大自然，木材先生把屋前的空地改成了鲜花盛开的空间。一边与顽强的杉菜作斗争，一边陆陆续续种下四季花开的植物，可谓是锦上添花呀。

通往玄关的小径入口。小径两边和建筑物周围的植物栽培区，使玄关入口更显幽深。挡土的石头以前是仓库的基石。

专门为眺望甲斐驹岳而搭建的露台。投影在窗户玻璃上的景色简直如梦如幻。

尽情享受雄伟景色的庭院

从空地的花海仰望建筑物。初夏时节玫瑰会爬满栅栏。

融入周围自然环境的丰富物种

开辟一条小路把建筑物围在里面，然后慢慢地种植能在此处生长的植物。丰富的物种，已经与周围融为一体。

映照在玻璃上的山岳也美不胜收

露台，是全家人喜欢聚集到一起共享美好山景的地方。窗户的玻璃上，浓缩了对面山岳和树木的景色，让人流连忘返。

用色彩点缀

建筑物前面的土地，永远盛开着时令花朵。这时候恰逢蓝色系的花朵开放，站在露台上看山景的时候，眼底的景色更美丽了。

灵活运用土地条件，打造富有变化的庭院

长野县富士见町　A府邸

希望在有高有低的土地上营造出与众不同的氛围，所以充分发挥土地特征，让喜爱的植物、珍稀的品种，以最完美的姿态展示出来。打理花园，莫非也成了一种上佳的运动？

不耐热的树木也能在夏季生机勃勃

一听到土地上有高度差，大多数人的第一反应就是“不太好打理吧”。但如果是喜爱植物的人，反而会觉得“这种地方的趣味感别无二选”。A先生和太太就属于后者。

道路到自宅建筑物之间，是绝妙的小径。背后有八岳为背景，眼前则与南阿尔卑斯为邻，不用过多描述，大家也能想象到这种自然环境的丰富程度。因此，走在这条小路上，常能体会到登山的心情。当玄关出现在眼前的时候，同时也会看到美丽的灰蓝色叶子。那是蓝杉，乍看起来好像这棵针叶树身披淡粉色的薄雪。再加上美丽的圆锥树形，得到了一种植物爱好者的热爱。当A夫妇决定移居至此的时候，儿子特意送来一棵蓝杉作贺礼。虽然蓝杉不耐热，而且种植的难度很大，但貌似很适应这片寒冷的土地。今年，眼看又要迎来下一个新芽萌发的季节。

顺势利用了高低地势的特点，在庭院里种植了醒目的桦树。桦树洁白的树皮与白色的房屋遥相呼应。茂盛的树荫下，是迎客的好地方。

玄关前

儿子赠送的迎宾树

登上斜坡，就来到了玄关。这里有一棵枝叶和树形都格外美丽的迎宾树在等着我们。金冠柏和兰云杉同为针叶树，相得益彰。

花坛

砖头和小石块堆砌的边石

用形态可爱的砖头和小石块堆砌出岩石花园风格的边石。种植的花草多为扦插品种。在精心培育之下，植株不断增加。

露台下

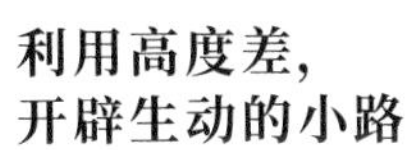

利用高度差，
开辟生动的小路

利用高度差，开辟出一条生动的小路，把各种树木和花坛连接在一起。白桦树的枝叶之间，洒落斑斓的阳光，微风吹拂，心旷神怡。

私家花园

欣赏着喜爱的植物，心情无比轻松

这里是太太的专用区域。种植喜爱的植物，搭建木道和休息区，进而开辟了一小片农场。真是让人流连忘返的地方。

房屋前面和两侧的人造庭院和背后的森林融为一体，构建出一片笼罩在绿色之中的空间。即便如此，院子里依然有充足的阳光。

伴随环境变化，开始逐步尝试种植

山梨县北杜市　大冢府邸

追求与大自然共生。即使环境不断变化，
这座花园也能配合着大自然的节奏不断进化。

满足于崭新的岩石花园

8年前，大冢夫妻从神奈川县移居过来。太太喜欢登山，梦想“能够住在能眺望甲斐驹岳的地方”。刚来这里的时候，土地四周都是树林，特别适合喜爱的山野草生长。但遗憾的是，除了原生品种以外，新种下去的山野草品种很难扎根。反反复复经过4年的时候，才终于有些品种开始适应土地，开始扎根、长大。

从这个时候开始，近边的邻居也开始多了起来，树木被砍伐掉了很多。山野草好不容易适应的环境，变成了夕照日强烈的地方。大冢夫妇不得已，又把铁线莲等转移到日阴区。后来得到大冢太太的妹妹的协助，新找来不少石块，形成了岩石花园的风格。这样一来，山野草就再也不用担惊受怕了。从客厅窗户看出去，视线正好落在这片地方。夫妻二人都对这里非常满意。

沿着小路周游庭院

通往房屋前面的小路

头顶上枝繁叶茂，但步行空间仍然宽敞明亮。阳光懒洋洋地照在地面上，陪着脚边的山野草的美丽小花摇曳生姿。

通往玄关的小路

玄关之前，是平缓的斜坡。带着山里漫步的心情，踏上枕木和碎石铺成的小路。

通往庭院的小路

藤蔓玫瑰攀附在手工制作的凉棚上，欢乐地迎接客人到来。将陶罐放在拱门的两侧，每个季节都有时令花开。

岩石花园

砖头和石块达成卓有成效的边石

大石头组合在一起，就成了独具个性的种植空间。初夏时节，清爽的嫩绿开始萌发，直到盛夏时节变成浓密的深绿。到了秋冬季节，落叶之后开始欣赏棉毛梣纤长的枝干。应季的灌木，也是花园的亮点之一。

用平整土地时翻出来的石头做成的炉子。

最初开始创建庭院时，放在这里用来眺望南阿尔卑斯的长椅。

夫妇携手营造能亲眼感受大自然力量的庭院

山梨县北杜市　武内府邸

勤勤恳恳地在改良土地上耕耘着、栽培着、开拓着。主人亲手操刀进行DIY，与妻子共同呵护着植物。相信植物自身的生命力，享受与植物共处的生活。夫妻二人至今仍在建造一个充满活力的花园。

夫妻二人合作而成的活力庭院

武内夫妇的家，坐落在自然环境优美的别墅区。初夏开始，这里就被包裹在浓妆淡抹的绿色里。有些地方，是原本的林中空地，而另一些地方则是夫妻二人亲手开垦的种植区域。而且，这里还是略带斜坡的红土地。夫妻二人从平整土地开始，亲手打造自家的庭院，甚至购买了 10 吨土壤与当地的腐叶土混合在一起。主人擅长 DIY，用平整土地时翻出来的材料陆续做成了炉子、长椅、小路和长廊。当下刚落成的仿佛阳光房一般的起居室，也是主人亲手扩建出来的。太太负责种植植物。为了让院子的风貌尽量自然，随机撒下宿根草的种子任其生长。

这座院子已经成长了 13 年，仔细观察白桦和枫树的树干，可以看到健壮的树干上有硕大的伤痕。经受虫灾之后，两棵树依靠惊人的自我疗愈力，克服困难继续成长。在这座庭院里，不仅能感受到丰富的自然环境，还能体会到各种植物顽强的生命力。

山野草的小路

观赏四季风情的小路

家周围的一圈，都是遍布山野草的小路。一边是绿意尚浓的地面，一边是晚秋里日渐枯萎的宿根草的棕色枝叶。被落叶覆盖的小路典雅别致。

盖个小房间

自己盖的小房间，成了庭院里的最佳观景台

这个房间有一个超大的窗户，外面的绿色呼之欲来。毫无疑问，这里也是武内先生亲手扩建的。缩短了与庭院之间的距离，能更好地观察小鸟的雀跃，也能更好地欣赏周边的植物。

童趣之心

巧夺天工的小动物

院子里零零散散地摆放着小动物的摆件，可见夫妻二人仍保持着旺盛的童趣之心。要是偶有野生小动物造访这里，说不定会吓一跳呢。

全景

守护迅猛生长的树木

种下3年，庭院里的树木怎么也不见长大。可能终于对环境妥协了，之后迅猛生长，直到今天这个模样。

在从父母那里继承来的广阔土地上自得其乐

山梨县北杜市　柏森府邸

从先辈那里继承来的土地，
每一个角落都值得珍惜、值得品味。
因为，还要原封不动地交付给下一代人。
在这个院子里，能全身心地感受到历史积淀的厚重。

土地面积辽阔，每个空间都有自己的特色。这一定是要流传几十年、几百年的庭院。

宽阔的院子里，每一个角落都是重要的地方

这座花园，从哪儿开始，到哪儿结束呢？无论谁来到这里，都会禁不住左顾右盼地寻找边界。约为1150 m²的这片土地，大部分是柏森先生的庭院。这是从江户时代以来代代相传至今的土地。

虽然面积很大，但小路的路线布局合理，可以沿着小路抵达任意一个别具匠心的地点。主楼前有一座日式庭院，这座庭院历经每一代主人的呵护，见证了每一代主人的生活。主楼两侧，是柏森先生的妈妈花费十余年的时间精心打理出来的山野草区域。植物种类之丰富，完全可以与“百草园”媲美。正因如此，这里被命名为“百草园”。淫羊藿、天竺葵、仙人掌、矢车草等，依旧展现着活力四射的模样。有一段时间，柏森先生离家远行。当他又重新回到这里生活的时候，便开始着手进行整理。桂花树、柿子树、西南卫矛、山茶花等大树，都是柏森先生亲手种下的，25 年来，每一棵都郁郁葱葱。主楼后面的田地周围到处是枫树。柏森先生说“想创造一片枫树林”。从一开始的播种，到后来的移苗，再到现在的养护，柏森先生对这些树木倾注了数不胜数的精力。时间跨度非比寻常，于是这座庭院也在几十年后回馈出一片灿烂的枫树林。

在这个花园里，许多植物都是柏森先生染色作坊的原材料。春飞蓬常被视为杂草，但却能为柏森先生带来非常漂亮的黄色染料。是的，这座花园的每一个角落都是柏森先生的至爱之地。

主楼周围是一片历史悠久的日式庭院，充满怀旧的氛围。

因为要做草木染料，要从庭院的草花那里获得大量的原材料。

沉浸在大量的植物当中，回味往事和历史。

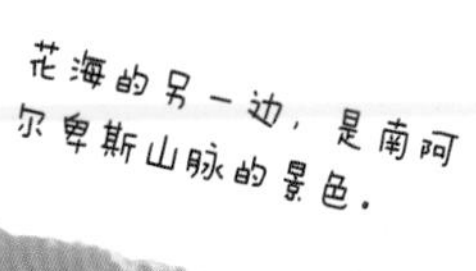

花海的另一边，是南阿尔卑斯山脉的景色。

水芹、大艾、蕨菜、芹菜等，庭院里的山野菜也丰富了春季的餐桌。

穿过玫瑰拱门，一直前行，就来到了锦鲤池。在这个深爱喜爱的散步小路旁，一年四季都是鲜花开放。

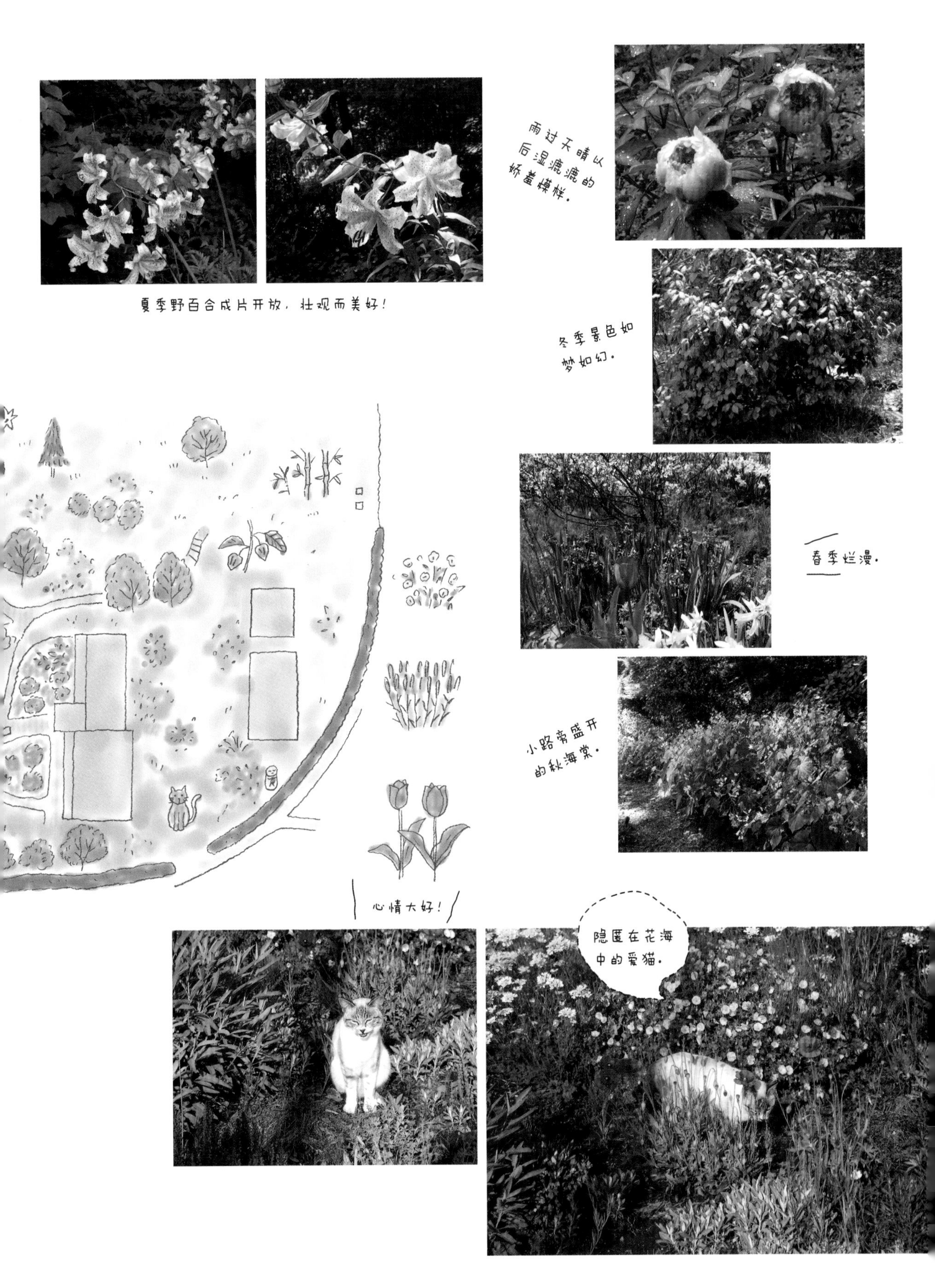
雨过天晴以
后湿漉漉的
娇羞模样。
夏季野百合成片开放，壮观而美好！
冬季景色如
梦如幻。
春季烂漫。
小路旁盛开
的秋海棠。
心情大好！
隐匿在花海
中的爱猫。

因为山杜鹃和新绿的美好而果断移居

栃木县茂木町　鹤丸府邸

新鲜的绿色和鲜艳的橙色争奇斗艳。
每年都期待着这幅让人心旷神怡的画卷，
然后身入其中尽情享受。
多么奢华的田园时光！

让原本的景色充分发扬光大

“在一片绿油油的林中，看到一片艳丽的橙色山杜鹃。那时候，直觉告诉我们应该住在这里。”鹤丸夫妻被这里的原生植物所折服，至今仍然尽力“维持”着原生态场景。决定移居至此以后，夫妇二人想方设法让景色融入家庭生活，于是委托建筑家田中敏溥先生进行了房屋设计。最终，用开放式的窗户，让室内和庭院合二为一。

之后，为了给这里的风景画龙点睛，又下功夫增添了很多新鲜的物种。但遗憾的是，并没得到理想中的景色。试错以后，二人意识到“不改变，才是最好的选择”，从此满足于当下的状态。每年一度，都能享受到花开的惊喜。每年都要感慨着“又是一年花谢花开”，感谢生活给予自己的恩惠。很多人都希望房屋和庭院结合在一起，如此享受庭院生活的人，想必是真的热爱吧。

来到院子里

在庭院里一边品茶，一边看花开

到了山杜鹃开放的时期，大家都喜欢来到院子里喝茶。阳光温热，恰到好处，是一年一度的乐趣。

从家里向外看

被镶嵌在窗框中的风景与众不同

完全打开起居室的窗户，迎接阳光的爱抚。外面的景色好像镶嵌在窗框中，绿叶和杜鹃都更加迷人了。这幅让人一见钟情的图片，可是真实景色。

山杜鹃的树林

被橙色和绿色交错的景色所折服

杜鹃花开，争奇斗艳。花朵的橙色和叶子的绿色让小路大放异彩。每一棵树上的橙色和绿色都有些许不同，描绘出令人心悦诚服的景色。

从道路看过来

这个地方可以取悦路人的眼光。形色俱备的观叶植物和低矮的花朵相当引人注目。

为了让路人尽情欣赏，特意选择了低矮的围墙，做出半开放式的庭院。

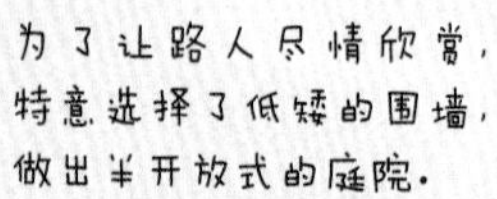

从露台看过来

因为周围的植物距离露台很近，所以站在这里有身处林中的感觉。能直接摆放在庭院里的木板台阶和花盆都很精巧。

庭院行家的院子

埼玉县川越市　栗原的庭院

园艺家们以建造庭院为本职工作，
而他们的理想全部都浓缩在了这个院子里。
把自家住宅、办公室、施工场地连在一起，
无论什么情况都能在这里获得新的力量。
来关注一下可以借鉴的地方吧。

来过这里的人，或多或少都能获得被治愈的感觉

栗原的庭院，巧妙地把自家住宅、办公室、施工场地连在一起，而其中混杂着形形色色的树木。虽然这是一个完整的庭院，但走着走着就会发现已经置身于一个氛围完全不同的地方，令人咂舌。从园子里凝视住宅建筑物时，你会觉得这好像是个度假区。可是回过头来，却又发现灌木丛和郁郁葱葱的花草令人感到格外的静谧。这里能让家人、办公访客和路人都感受到自我疗愈的空间。

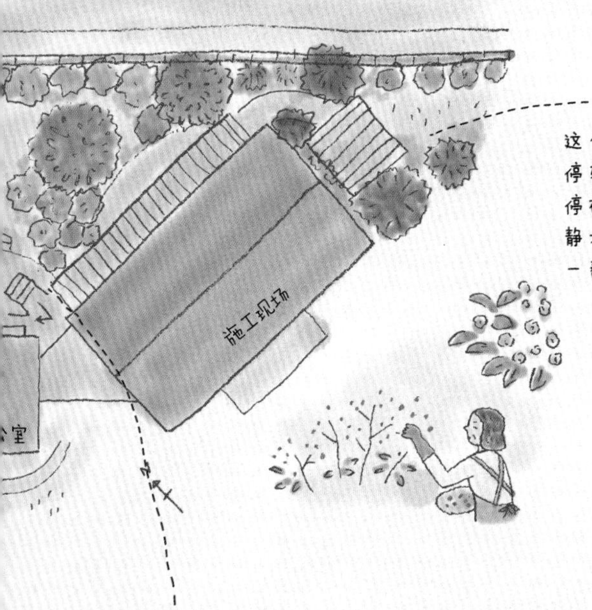

这个空间让人很容易忘掉停车场的存在。车子没有停在这里的时候，车棚静静地"站"在那里，别有一番风味。

停车场

利用施工场地的建材和枕木，营造统一氛围。红叶樱和赤松，把零散的风景囊括在一起。

办公室前

一片绿意丰盈的区域。喙冬青和山毛榉的脚下，有玉簪、鸵鸟蕨等山野草，每一种都生机勃勃。

图书在版编目（CIP）数据

植物爱好者的庭院设计 / 日本朝日新闻出版编著；王春梅译. —沈阳：辽宁科学技术出版社，2022.9
ISBN 978-7-5591-2614-6

Ⅰ. ①植… Ⅱ. ①日… ②王… Ⅲ. ①庭院—园林设计 Ⅳ. ①TU986.2

中国版本图书馆 CIP 数据核字（2022）第 135445 号

出版发行：辽宁科学技术出版社
（地址：沈阳市和平区十一纬路25号 邮编：110003）
印 刷 者：辽宁新华印务有限公司
经 销 者：各地新华书店
幅面尺寸：185mm × 260mm
印　　张：9
字　　数：200千字
出版时间：2022年9月第1版
印刷时间：2022年9月第1次印刷
责任编辑：康　倩
版式设计：袁　舒
封面设计：袁　舒
责任校对：徐　跃

书　　号：ISBN 978-7-5591-2614-6
定　　价：60.00元

联系电话：024-23284367
邮购热线：024-23284502